百姓财经知识读本

理财有道

胡冬鸣　编著

中国财经出版传媒集团
中国财政经济出版社

图书在版编目（CIP）数据

理财有道/胡冬鸣编著．—北京：中国财政经济出版社，2017.9

（百姓财经知识读本）

ISBN 978-7-5095-7617-5

Ⅰ．①理…　Ⅱ．①胡…　Ⅲ．①家庭管理－财务管理　Ⅳ．①TS976.15

中国版本图书馆 CIP 数据核字（2017）第177830号

责任编辑：陈志伟　　　　责任校对：张　凡

封面设计：陈宇琰

中国财政经济出版社 出版

URL：http：//www.cfeph.cn

E-mail：cfeph@cfeph.cn

社址：北京市海淀区阜成路甲28号　邮政编码：100142

营销中心电话：88190406　北京财经书店电话：64033436　84041336

北京财经印刷厂印刷　各地新华书店经销

880×1230 毫米　32开　8印张　187 000字

2017年8月第1版　2017年8月北京第1次印刷

定价：28元

ISBN 978-7-5095-7617-5

（图书出现印装问题，本社负责调换）

本社质量投诉电话：010-88190744

打击盗版举报热线：010-88190414、QQ：447268889

前　言

从银行业理财产品存续情况来看，截至2016年年底，全国共有497家银行业金融机构持有存续的理财产品，共7.42万支，理财产品存续余额29.05万亿元，较年初增加5.55万亿元，增幅23.63%。2016年理财产品日均存续余额27.01万亿元，较2015年增长7.47万亿元。其中，非保本产品的存续余额23.11万亿元，占全部理财产品的存续余额79.56%，较年初上升5.39%；农村金融机构存续余额1.64万亿元，理财产品较年初增长79.87%。从银行业理财产品发行情况来看，2016年银行业理财产品市场有523家银行业金融机构发行了理财产品，共发行20.21万支，平均每月新发行产品1.68万支，累计募集资金167.94万亿元。2016年全年发行产品数和募集资金数分别较2015年提高8.17%和6.01%。其中，开放式理财产品较2015年增长4.8%；封闭式产品较2015年增长9.27%。风险等级为二级中低及其以下的理财产品募集资金总量137.63万亿元，占市场募集资金总量的81.96%，较2015

年下降4.39%；风险等级为四级中高和五级高的理财产品募集的资金量只占0.29%，较2015年下降0.26%。从银行业理财产品投资资产情况来看，债券、存款、货币市场工具是理财产品主要配置的前三大类资产。截至2016年年底，余额占比为73.52%。其中，债券资产配置比例43.76%，在理财资金投资的资产中占比最高。而其国债、地方政府债券、央行票据、政府支持机构债券和政策性金融债占理财投资资产余额8.69%，商业性金融债、企业债券、公司债券、企业债务融资工具、资产支持证券、外国债券和其他债券占理财投资资产余额的35.07%。2016年共有19.665万亿元的理财资金通过配置债券、非标准化债权类资产、权益类资产等方式投向了实体经济，占理财资金投资各类资产余额的67.41%。其中，年末较年初增加3.77万亿元，增幅23.75%，有力地支持了经济发展。从银行业理财产品收益情况来看，2016年银行业理财市场共有19.22万支产品发生了兑付，累计兑付客户收益9772.7亿元，较2015年增幅12.97%。2016年封闭式理财产品兑付客户收益率呈现下降趋势，兑付客户年化收益率从年初的平均4.2%左右下降至年末的平均3.3%左右。2016年到期的理财产品中有88只出现了亏损，占到期产品的0.05%。

根据波士顿咨询公司的测算，2016年中国个人可投资资产的规模已经稳居世界第2位，达到126万亿元。而私人银行的目标客户家庭可投资金融资产超过600万元的高净值家庭的数量在2007—2016年间以21%的速度快速增长，到2016年已经超过210万户，其所拥有的可投资金融资产总量占中国个人可投资金融资产总量的43%。中国高净值家庭的财富积累速度达到25%的增速，高于普通家庭14%的增速。目标客户家庭可投资金融资产超过3000万元人民币的超高净值家庭增速达29%。而随着高净值人群财富规模积累和资本市场的日趋成熟，10年间中国私人银行机构的业务规模得到迅猛发展，客户数量已经超过50万户，管理客户金融资产近8万亿元人民币。但这些数据同时也表明私人银行机构对财富管理的渗透率仍然较低。在中国，中高收入家庭的财富管理增长空间依然很大。

“理财”一词，是在20世纪90年代初期随着中国股票和债券市场的迅速扩容、商业银行零售业务的日趋丰富和市民总体收入的逐年上升而逐渐被百姓接受并认可。现实中“理财”往往与“投资理财”并用，因为理财中有投资，投资中有理财。而且所谓的理财也不仅仅是把资金往外投，被投资也是一种理财。换句话说，不懂得被投资也就不懂得怎么更好地投资。一般人谈到理财，想到的往往不是投资就是赚钱，但实际上理财的范围是很广的。理财是理一生的财。由于大部分高收入中国家庭的财富积累基本是靠个人创业和房地产投资形成，因而，中国人自主理财的意识非常强。建议您花点时间仔细阅读这本小册子里的内容，或许会对您的理财方式有不少的启示与帮助。

作者写于融科香雪兰溪

2017年7月6日

目　录

1.
财富的增值规律是复利而不是单利

安德鲁·托拜尔斯在他的《财富观》一书中讲述了这样一个故事：一个农民在国王举办的象棋比赛中获胜，国王问他想得到什么样的奖励，这位农民回答说只想要些谷子。国王问他要多少？农民说，在象棋盘的第一个格子中放入一粒谷子，第二格中放两粒谷子，第三格中放四粒谷子，依此类推，直到装满整个棋盘。国王认为这很容易办到，便立即答应下来。可怜的国王哪里知道，若将64个格子装满的话，需要 $2^{64}-1$ 粒谷子，因为谷子是以100%的速度在增长的。如果一粒谷子有1/4英寸长，那么所有谷子排列起来可从地球到太阳来回39万多次。现实生活中，财富就是按此规律繁衍增值的。

需要强调的是，复利并不是一种投资产品，而是一种计息方式。这种计息方式可以是产品自身就具备的，更多的则是投资者自己构建的。常见的按复利计息的投资产品如储蓄国债和货币型基金产品。当然，我们可以自行构建复利的还可以是银行存款、银行理财产品、基金红利再投、P2P网贷。那么，如何利用复利赚钱？第一，进行适当投资。过于保守地选择银行定期储蓄存款，在当前降息的背景下，势必会影响复利的效应。所以，保持一个适当或者较高的收益率是关键。该怎么做呢？要根据自身的实际风险承受能力，进行合理的投资规划，不要让资金都躺在一个账户中，唯有进行多样化的投资，才可能分摊风险并获得较高的收益。第二，投资要趁早。时间越长，复利的效应越大。投资者应该尽早进行投资，最好的是在有了工资收入后，就进行必要的投资理财。第三，要保持持续较高或者稳定的收益水平。对于绝大多数投资者而言，这点要求确实有点儿难了。因为很难保证稳定又持续的高收益投资，更多情况下都是处于不高不低的稳健收益水平中。但是这样稳健的收益，如果能长期坚持，也能获得不错的回报。华人首富李嘉诚常打一个比方：一个人从现在开始，每年存1.4万元，并都能投资到股票或房地产，获得每年平均20%的投资回报率，40年后财富会增长为1.281亿元。如果细算账会发现，按这种方式存满10年仅能攒36万元，在很多大城市还不够买一个卫生间，但若能坚持到第20年，这笔资产就积累到了261万元，如果能坚持40年，财富就会达到1.281亿元。

有人测算过1957—2010年53年间巴菲特投资基金的年化收益率及其累计总收益的数据，其年化收益率仅有一年超过50%的历史记录。巴菲特的投资基金第一阶段是1957—1964

年共 8 年，总收益率 608%，年化收益率是 28%，每年投资收益都是正的，但也没有任何一年收益率超过 50%。第二阶段是 1965—1984 年共 20 年，总收益率 5594%，年化收益率是 22%，仍然每年投资收益都是正的，仅 1976 年收益率超过 50%。第三阶段是 1985—2004 年共 20 年，总收益率 5417%，40 年总计收益率是 287945.27%，增长了 2879 倍，年化收益率大约是 22%，第三阶段仅 2001 年收益是负的，仍然没有哪一年的收益率超过 50%。第四阶段是 2005—2009 年共 5 年，总收益率 53%，45 年总收益率是 440121.43%，增长了 4401 倍，累计 45 年年化收益率是 20.5%。巴菲特 53 年的投资经历中仅有 2001 年和 2008 年收益率为负，剩余 51 年都是正收益率，并且仅有 1976 年收益率超过 50%。可见通过低风险的投资，并通过足够的时间周期，股神从最初的小资本，通过神奇的复利，最终成了世界首富。

由于财富随着时间的延续而增值，现在的 1 元钱与将来的 1 元钱在经济上肯定是不等效的，即现在的 1 元钱和将来的 1 元钱经济价值不相等，所以，不同时间的财富收入不宜直接进行比较，需要把它们换算到相同的时间基础上，然后才能进行大小的比较和比率的计算。由于财富随着时间的增长过程与利息的增值过程在数学上相似，因而在换算时广泛使用计算利息的各种方法，而复利就是计算利息的方法之一。按照这种方法，每经过一个计算期，要将所生利息加入本金再计利息，逐期滚算，俗称“利滚利”，这里的计息期是指相邻两次计算利息的时间间隔，如年、月、日等。除非特别指明，计息期通常为1年。若某人将10000元投资于一种理财产品，年收益率为6%，经过1年时间后得到增值的财富价值是：

$$s = p \times (1 + i) = 10000 \times (1 + 6\%) = 10600 \text{（元）}$$

若此人并不提走现金，将10600元继续投资于该理财产品，则经过第二年增值后的财富价值是：

$$s = p \times (1 + i)(1 + i) = p \times (1 + i)^2$$

$$= 10000 \times (1 + 6\%)^2 = 11236 \text{（元）}$$

该投资者经过第n年的增值后的财富价值是：

$$s = p \times (1 + i)^n$$

中国有句话："富贵险中求"。马来西亚曾经筹建一条高速公路，对外公开招标，尽管政策优惠但却无人问津。因为这段路不长，车流量也不大，似乎无利可图。中国富豪李晓华考察时得到一个消息：离公路不远处发现一个大油田，储量十分丰富。但确认工作尚未完成，因此没有在新闻媒介上正式公布。李晓华认为如果油田正式开采，公路的车流量可想而知，这块地皮的价值也呈现上升趋势。李晓华决定冒一次险。他拿出全部资金，由以房产抵押从银行取得贷款凑齐了3000万美元，一举拿下了这个项目。由于贷款期限只有半年，若公路半年内出不了手，李晓华只得跳楼自杀。更由于是倾囊而出，李先生只能是节衣缩食，经常吃盒饭与方便面，办事坐飞机的经济舱，更不敢轻易"打的"，而尽量坐只花六毛钱的"叮当车"。更可怕的是精神上的压力与折磨，每天都在焦急地看报纸盼望着那条油田消息的出现。可 5 个月过去了，仍然是没有任何动静。李晓华的精神近乎崩溃了，甚至开始认真思考起后事的处理问题。16 天后，那条油田的消息终于正式披露，李晓华静静地躺在沙发里一天，那天他的投资项目价值翻了一番。显然，这个案例告诉所有的投资者，李晓华进入了一个高度不稳定的市场，而这种不稳定性就是投资市场风险的客观存在。进入理财产品市场的人们不禁要问：如何评价他们所购买理财产品的投资风险与收益哪？

从经济学角度看，肯定的 1 元钱收入与不肯定的 1 元钱收入是不一样的，这是因为不肯定的收入要承担可能收不回来的后果。投资者的任何一项理财投资，通常都要经过一定时期才能逐渐收回，而在这段时间内往往会发生许多不肯定的因素，这就是投资者所冒的风险问题。所投资理财产品的风险越大，投资者为了补偿可能出现的风险，对投资报酬率的要求自然也就越高。可见，风险是指一定条件下和一定时期内可能发生的各种结果的变动程度，具有客观性。首先，风险是在一定条件下的风险。您在什么时间、买哪一种或哪几种股票，每种股票买多少，风险都是不一样的。其次，风险的大小随时间的延续而变化，是一定时期内的风险。对一个理财产品投资成本的预计在投资开始前比较困难，不可能十分准确，但越临近理财产品到期时则越容易，预计也越准确。随着时间的延续，事件的不确定性在逐渐减小，而理财产品到期赎回后，其结果自然而然也就完全肯定了。因此，风险总是一定时期内的风险。

风险可能给投资人带来超出预期的收益，也可能给投资人带来超出预期的损失。一般来说，投资人对意外损失的关切比对意外收益要强烈得多，因而人们研究风险时侧重减少损失，且主要从不利方面来考察风险，经常把风险看成是不利事件发生的可能性。从理财的角度来说，风险主要是指无法达到预期报酬的可能性。

从投资主体的角度看，风险可以分为市场风险和公司特有风险两类。市场风险是指某些因素对市场上所有投资造成经济损失的可能性，如战争、经济衰退及通货膨胀等等。这类风险涉及所有的投资对象，不能通过投资组合分散掉，因此又称为不可分散风险或系统风险。公司特有风险是指某些因素对个别投资造成经济损失的可能性，如所投资股票出现了会计丑闻、所投资基金产品项目经理出现了判断失误、没有争取到重要合同及诉讼失败等等。这类事件只是影响个别投资，因而可以通过投资组合将其分散，即发生于一个理财项目的不利事件可以被其他理财项目的有利事件所抵消。这类风险又称作可分散风险或非系统风险。

在通常情况下，购买理财产品的人都力求回避或者是尽可能降低风险，但为什么还要有那么多投资者乐于进行风险投资哪？这是因为投资者因冒风险进行投资可以获得超过社会平均财富价值的那部分额外报酬。

纵观理财产品市场，可谓琳琅满目、眼花缭乱。在利润率越来越平均化的年代里，要想出奇制胜获得超常财富，不付出风险代价是不行的。世界上没有容易采摘的果实，因为容易采摘的大部分已被他人掠走了，要摘到最大最好的果实，必须拿出飞身一跃的勇气。

2.
做好理财思想准备

香港首富李嘉诚说："20 岁以前，所有的钱都是靠双手勤劳换来，20 岁至 30 岁是努力赚钱和存钱的时候，30 岁以后，投资理财的重要性逐渐提高，到中年时赚的钱已经不重要，这时反而是如何管钱比较重要……"

要想理好财，首先就要了解自己的基本情况，到底有多少家产？哪些是固定财产？流动资本有多少？所需还的债务又有多少？有多少可以用来再投资？自己及其家庭平时的总收入是多少？平时的总支出是多少？自己及其家庭处在什么样的社会经济地位？是否掌握了一定的投资方式和投资技能？自己能承受多大的投资亏损？通常应将自有的房产和车辆划入固定财产的范围；而将现金、活期和定期储蓄存款、股票和债券投资、基金投资列入流动资本的范围。如果您对上面问题思考清楚了，才能认清自己的实力，从而不至于过于盲目。当然，在开始理财之前，您还要做好资金、知识和心理 3 个方面的准备。资金准备指的是您要准备好用于投资的钱，一般来说主要是除日常开支、应急准备金以外的个人流动性资金。然后是知识上的准备，应该熟悉和掌握理财投资基本知识和基本操作技能。心理上的准备也很重要，您要对投资风险有一定的认识，能够承受投资失败的心理压力，有良好的心理准备。科学理财最根本的方法就是“开源节流”，处理好个人的收入与支出。一方面要增加新的收入来源；另一方面要减少不必要的开支。增加收入来源不仅仅包括努力工作，还要扩大个人资产的对外投资，增加个人投资收益和资本积累。节流也不仅仅是压缩开支，也包括合理消费，合理利用借贷消费、信用消费，建立一种现代的个人消费观念。

理财中的不良习惯还是要加以忌讳的，那就是管住“贪欲”。贪如火，不扑则燎原；欲如水，不遏则滔天。在理财的世界里，贪欲永远是人性最脆弱的一面，也是最容易被骗子利用的一点。您刚刚入门理财，投资过一段时间后自认为对理财已经比较熟悉。看着别人在高息平台中大赚利息，会心中瘙痒难耐，迫不及待地把资金转入高息平台，成为别人的接棒者。若您已经积累了一定的投资经验，有朋友告诉您，有一种投资方式叫组团，就是把一些投资人的资金集中到一起投资，可以赚取更高的利息。您激动不已，心想还有这样的投资方式，迫不及待地参与其中，结果却成了团长们牟利的工具。目前，新平台的上线利率通常都较高，您抵挡不住高息诱惑，迫不及待地冲进去赚取第一桶金，却不知现在的骗子平台都呈现了短平快的特点，开业当天就有跑路的风险，您莫名其妙地就成了受害者。而且明知道一个平台不靠谱，有很多问题，可是就在您的资金已经到期就要撤出的时候，平台忽然发了一个高息的秒标或者天标。在这抉择的一刻，您义无反顾地做出了投个机再走的选择，结果却被平台套牢。对不起，您没有管住您内心的贪欲，逐利的贪念已经战胜了投资的理性，雷区距离您已经很近了。

“钱多人更实在”是广大骗子对理财客户的统一感觉。在一个行业发展的初级阶段，骗局往往成为趋势生长的附加品，而投资最需要做的就是要分清真假。您可能听说了某理财产品利率很高，对您诱惑的确很大，加之向您推荐平台的人口若悬河，您极有可能立马为之所动了。如果您不仅对产品运营模式、理财经理掌控、风控防范全无了解，甚至连投资公司在什么地方、是否拥有金融许可证都不知道，就一脸懵懂地进场，骗子不骗您骗谁。同时，如果您以为所谓“专家”都是好人，特别是对一些在理财界投资出了名的老投资人和第三方更是奉若神明，他们说东您不往西，他们说北您不往南，那么天真就造就了思想的狭隘和堵塞，失去了判断是非的能力，成为了骗子手里聚敛钱财的“工具”。骗子一旦攻陷了这些名人的阵脚，您不倒霉谁倒霉。您投资了某理财产品，投资前对该产品的信息掌握的还算是清楚，投资后您也就安心了。您不看数据、不看 QQ 群信息，默默地闷着头投资。天下没有一成不变的事物，今天如日中天明天就可能万劫不复，信息封闭和不思进取造就了您成为一只关在笼子里的待宰羔羊，哪天养肥骗子就会下刀。如果只在乎收益是不是够高，而不在乎本金究竟是借给了别人还是被理财经理自用了，您就已经距离雷区很近了。

忠言逆耳，这永远是亘古不变的道理。在理财的世界里，质疑永远要比赞扬来得更有价值。要知道，在理财这个世界里，您的信息量决定了您的立足。如果您的消息太不灵通，除了平台的交流群，您基本没什么其他的投资人交流群。自己就把自己封锁在一个小圈子里，您永远听不到和看不到其他投资人对您投资平台的想法和看法，孤独地坚守着自己的小菜园，心甘情愿地当了一只井底之蛙。如果您在一个理财产品上面投资了很长时间，此时某个已经和您很熟悉的投友警告您说，这个平台有些问题。或许您会愤怒，觉得这是造谣生事，置之不理甚至反唇相讥。好吧，您的固执就造就了您与真相之间的距离，一意孤行的后果往往就是狠狠地头撞南墙。而且您对某个投资圈子产生了无法割舍的情意，您爱这个圈子的老板甚至于您爱家人，对他让您赚钱的能力崇拜得一塌糊涂。此时，某个投友站出来质疑圈子存在的问题，您则怒发冲冠，指指点点。对不起，那只是您自己的一厢情愿而已。您已经知道了太多理财产品的问题，看着这些问题的积累一天天地叠加，您懒得就这些问题与理财经理进行沟通，或者您沟通了人家没当回事。久而久之，您把这些问题当成了常态，不出事就是没有问题成为您的指路明灯。但问题终归是问题，没有任何一个基金产品的出事是无征兆的，您的忽视只能导致一个后果，就是问题的继续叠加。对不起，您总是一意孤行一条道跑到黑，雷区距离您已经很近了。

在理财的世界里，不可能永远风平浪静。您投资理财产品中的股票或者干脆投资了一家经济实体，每天是提心吊胆、战战兢兢过日子。稍有不测，您便茶不思饭不想，生怕什么时候出了事血本无归。时间长了，您虽然赚了钱，但人瘦了心累了，这样的付出与您的收益远远成不了正比。既然已经投资了，就要放宽心态，吃好饭睡好觉。记住：钱慢慢赚。巴菲特对理财者的忠告其实还是颇有些启发的意义：理财致富是“马拉松竞赛”而非“百米冲刺”，比的是耐力而不是爆发力。

3.
理财无处不在

目前，许多的投资者都爱给理财划定一个具体的范围，其实真是大错特错了。理财的范围其实很广，到银行进行储蓄存款是一种理财，在证券交易所买卖股票是一种理财，投资红木家具收藏目前也属理财，而投资互联网企业和实体经济也都应看作一种理财。应该说，理财的价值洼地无处不在，关键是您有没有发现价值洼地的本事与眼力。赫赫有名的马未都、潘石屹、马云、刘强东四个人所从事的事业看起来并不太搭界，但他们都是理财高手。他们都是非常擅于发现财富的人，并且发现了财富增值的规律。

在北京收藏界，提起马未都，圈内人会竖起大拇指，生在动荡岁月却不甘人后，不是收藏世家却以收藏古代瓷器、家具闻名，开办私人博物馆并吸引了国际风险投资商。1966 年，马未都 11 岁，“文革”开始了，和成千上万同龄人一样，马未都的学业戛然而止。但是，凭借自己对文学的孜孜追求，20 多岁时因小说《今夜月儿明》一举成名。后来，马未都被调入中国青年出版社，成了该社当时最年轻的编辑。文学领域给马未都后来醉心收藏搭建了桥梁，他由文学了解文化，由文化了解文物。由于教育断层，马未都对知识的渴求极其强烈，对未知的事物极感兴趣，书读得特别杂。马未都表示自己喜欢上收藏是出于对中国历史文化未知领域的好奇。当时对很多历史都不太熟悉，就特别想知道。但历史文献的真实性不能完全保证，而研究文物则可以被看作是历史的证据史。据马未都介绍，他手上的大部分文物都是 20 世纪 80 年代在北京地摊上捡来的。在特殊的历史时期里，文物的价值没有被认定，东西极为便宜。北京有很多半地下状态的市场，马未都经常出入玉渊潭东门、北海后海、朝阳门自发形成的古玩交易市场。马未都收藏了大量自己喜欢的瓷器。除了在地摊中挑宝贝，马未都还到收破烂的地方淘宝，甚至成了一个收破烂老头的专业买家。入行比别人早，眼光精准，靠捡漏淘宝成就了今天的大收藏家。资料显示，马未都的观复古典艺术博物馆是 1997 年成立的，是中国第一家私人博物馆。以古代家具的收藏为最大亮点，加之细致的管理机制，该博物馆获得了风险投资商的青睐。但博物馆建立起来后，运营理念是个关键问题，如何更好地经营下去，在巨大的开支面前，怎样才能更好地筹措资金都是马未都探索的问题。几经考察，马未都决定借鉴西方大学的校董制，将私人博物馆改成理事制度，所需资金得到了有效保证。在观复古典艺术博物馆藏品中，传世文物占了极大部分比重，出土的东西都是近年在拍卖会等机会中买来的，博物馆的定位就是以传世文物为主。但更重要的是这么做能普及文物知识，培养大众审美。为了收藏文物，马未都有时一掷万金，但对物质生活享受却要求极低。博物馆不仅带给他个人的精神充实，也承担着向大众普及文物知识、丰富大众心灵、追寻失落传统文化的重大社会责任。

潘石屹，1963 年出生在甘肃省天水市潘集寨村。1981 年从兰州培黎学校毕业，以 600 名学生中第二名的成绩被河北的中国石油管道学院录取。然而就在高考前 8 天，潘石屹被一辆卡车撞断了肩胛骨。知道自己没考好，他立即在另外一个县以石屹这个名字再次报考了中专学校。1984 年他从中国石油管道学院毕业，被分配到河北廊坊石油部管道局经济改革研究室。1987 年，潘石屹辞职到了深圳、海南，而后又转到北京，专业从事房地产开发生意。1989 年，随同赫赫有名的牟其中来到海南省。1990 年，潘石屹同一起创业的冯仑、王功权、张民耕在海南省合伙成立了海南农业高科技联合开发总公司。1991 年 8 月，成立万通公司，高息借贷 1000 多万元“炒”房地产，在海南省第二波经济热潮中半年多时间赚取 1000 多万元。1992 年，与合伙人在北京共同创立北京万通有限责任公司。同年与人合作共同创建了北京万通实业股份有限公司，在北京开发了一系列房地产项目，包括北京万通新世界广场、中国国际航空公司大厦、北京万通理想世界。1992 年 8 月海口房地产“崩盘”前夕，潘石屹回到西北考察市场机会，后到北京做市场调研，在怀柔区政府食堂偶然听到北京市给了怀柔四个定向募集资金的股份制公司指标，潘石屹设法获取了其中之一。同年万通新世界广场在阜成门开盘，香港利达行主席邓智仁找到万通公司要求代理销售。邓智仁通过成功的广告和定价策略获得代销的成功，将万通新世界广场卖到当时市价的3倍。1993年，在一次购买北京华远项目的过程中，潘石屹结识了当时的华远集团董事长任志强。两人后来结交成为挚友。1995年开始，潘石屹与妻子张欣女士共同创立了SOHO中国有限公司。自公司创建以来两人共同开发了一系列商业地产项目。

马云在创造财富方面是个奇才。1994年，马云听说互联网后就注册了杭州海博网络公司。1995年年初，他偶然去美国，在朋友的帮助和介绍下开始认识了互联网。1995年4月，马云和妻子再加上一个朋友，凑了2万块钱，专门给企业做主页的杭州海博网络公司就这样开张了，网站取名“中国黄页”，其后不到3年时间，利用该网站赚到了500万元。1997年，马云和他的团队在北京开发了外经贸部官方网站、网上中国商品交易市场、网上中国技术出口交易会、中国招商、网上广交会和中国外经贸等一系列国家级网站。1999年3月，马云正式辞去公职，和他的团队回到杭州，以50万元人民币开始了新一轮创业，开发阿里巴巴网站。凭借多年的打拼和揣摩，马云意识到互联网产业界应重视和优先发展企业与企业间电子商务，而这种模式被称作互联网的第四模式。1999年10月和2000年1月，阿里巴巴两次共获得国际风险资金2500万美元投入，培育国内电子商务市场，为中国企业尤其是中小企业迎接入世挑战构建一个完善的电子商务平台。马云为完善整个电子商务体系，自 2003 年开始，先后创办了阿里巴巴、淘宝网、支付宝、天猫、一淘网、阿里云等国内电子商务知名品牌。在淘宝迅速崛起后，eBay 希望能够收购淘宝，但马云希望能够保持对淘宝的控制权。马云得到了雅虎联合创始人杨致远的支持，雅虎向阿里巴巴注资 10 亿美元。2005 年，阿里与雅虎达成的交易，阿里巴巴集团获得雅虎在中国的独家所有权，马云出任中国雅虎董事局主席。2012 年 9 月 18 日，阿里巴巴集团宣布，对雅虎 76 亿美金的股份回购计划已经全部完成。阿里巴巴集团以 63 亿美元现金及价值 8 亿美元的阿里巴巴集团优先股，回购雅虎手中持有阿里巴巴集团股份的 50%。同时，阿里巴巴集团将一次性支付雅虎技术和知识产权许可费 5.5 亿美元现金。在未来公司上市时，阿里巴巴集团有权优先购买雅虎剩余持有股份的 50%。2014 年 9 月 19 日，阿里巴巴在美国纳斯达克上市，IPO 发行价 68 美元。此次上市将募集资金 217.6 亿美元，最高募集资金 250.2 亿美元。阿里巴巴上市将是美股史上最大规模 IPO，而阿里巴巴也将成为全球最有价值的科技公司之一。

北京甜水园附近的某个小区，有一天一家公司进驻这里后，住户们就再也不得安宁了。每天都有很多工人、货车在院子里进进出出。楼下的防盗门因为进出的人太多，坏了，永远都大开着。大家只知道他们的老板叫强子。几年后，这家闹哄哄的公司终于搬走了，小区从此恢复了昔日的安静。也是直到这时，大家才知道，原来这个公司就是京东商城，而众人嘴里的强子，便是京东商城创始人兼 CEO 刘强东。农民出身的刘强东上大学时家人给他凑了 500 块钱，他决心从此不再给家里带来负担。大一的时候，他帮人手抄信封，3 分钱一张；大二的时候，他以二五折购进精装书后去写字楼推销，他也一直在给学校机房打工，同时自学编程；大三的时候，刘强东每天骑自行车去门头沟一家单位作程序员，并由此掘到了第一桶金。他参与了一些政府和农村的信息化建设项目中，依靠写程序的专长，赚到了十几万元，成为当时最有钱的大学生之一。拿着手里的十几万元，又从亲朋好友手里借到十几万元，刘强东盘下了中关村附近的一个饭馆。由于管理松散，不到 1 年，赔光了投入的资金。1996 年，刘强东毕业后进了一家日资企业，业余时间继续干起老本行编程。这家实行轮岗制的日资企业锻炼了刘强东，从电脑信息化到物流、采购，大部分岗位他都干过，了如指掌。但还完债后的刘强东并没有留恋这份工作，渴望创业的冲动一天比一天强烈。刘强东拿着手里的 1.2 万元积蓄赶赴中关村，租了一个小柜台，售卖刻录机。柜台取名叫“京东多媒体”。随着京东规模的迅速壮大，2001 年，京东商城已成为当时中国最大的光磁产品代理商，并在全国开设了十多家分公司。刘强东的个人财富也首次突破了 1000 万元。2003 年“非典”来袭，生意一落千丈，刘强东暂时关闭了所有门店。但刘强东听说有人在互联网上卖东西，就四处打听，想要参与进来。这家互联网企业的一位老员工回忆道：别的商家每次都要问您们的店租能不能降一降，但刘强东总是问，您们的程序是怎么编的、您们的流程是怎么控制的，刘强东对电子商务的后台技术很感兴趣。这时的刘强东已经坚信电子商务就是京东转型的未来。2004 年，公司内不少人反对转战互联网，但刘强东决定关掉实体店，专心经营网上 3C 业务。刘强东曾相信口碑是更好的营销，但从 2004—2007 年，京东商城的规模并没有太多变化，后来刘强东总结原因，认为问题出在钱上。因为缺钱，人员和设施配备捉襟见肘。刘强东虽然懂编程，但在京东商城上线后的第 3 天，刘强东发现公司主页被“黑”掉了。懂行的朋友帮忙看了京东的服务器以后，不由地感叹到：京东服务器是我看到的全世界最“牛”的服务器，有 1300 多个病毒，700 多个漏洞，任何一个有点儿黑客技术的人都可以攻破。2007 年，京东商城的发展遇到了第一个瓶颈，当时公司靠自有资金实在周转不过来，银行不愿借款，刘强东在山穷水尽的时候才知道有风险投资（VC）。他与今日资本的总裁徐新女士见面后，主动提出想融 200 万美元。这个风投界的女伯乐非常看好刘强东，于是主动把投资额加码到 1000 万美元。刘强东始终坚持不会因为融资让出控制权。他用这 1000 万美元筹建了广州分公司、产品种类从 3000 种增加到了 18000 种。2008 年 10 月，首轮 1000 万美元的风投亏完后，京东遭遇了第二次困境。急得睡不好觉的刘强东，遇到了雄牛资本拿出了 1200 万美元，第一轮投资人跟了 800 万美元，加上另外跟投的100万美元，京东得到了救命稻草2100万美元。这部分资金主要用在了升级物流平台、服务技术和扩建网络上面，这一阶段是京东扩大规模的重要阶段。2011年初，京东商城获得俄罗斯投资者数字天空技术、老虎基金等共6家基金和社会知名人士融资共计15亿美元，资金几乎全部投入了物流扩建和技术研发方面。此时，京东商城的估值约为100亿美元。2013年新年伊始，传出了京东再次融资7亿美元的消息。

4.
搭建理财的金字塔

理财金字塔是指理财的资源配置。其实，理财金字塔更多传播的是一种思想而不是一种方案。现实中每个投资者及其家庭的理财金字塔都有所不同，并非千人一面。家庭理财的目的是将自己家庭有限的财富最大限度的合理消费、最大限度的保值增值、从而保障自己和家庭经济生活的安全和稳定，并使自己和家人的生活品质有更加美满的保证和更多的规避风险策略。而构建理财金字塔就是做好家庭理财的一种很好的思想准备。2015 年热播电视剧《老有所依》中的男女主角江木兰和吕希，是“80 后”独生子女夫妻的典型代表。被推到小家庭的核心位置后，他们往往是上有老下有小，生活与工作压力双肩挑，自然也是家庭理财的核心力量。但从调查数据来看，目前处于“四二一”家庭中核心位置的投资者，都会面临着理财困惑问题。大多数人梦想发财但不喜欢理财。

在 25 ~ 55 岁这个年龄段，常被称作人生理财的黄金 30 年。在这承前启后的 30 年中，您需要从挣钱、省钱、防灾、赚钱四个角度来搭建自我的理财系统。挣钱是每个人必须经历的第一阶段，重点在于提高自己的能力并持续提高收入水平。省钱与防灾是两个独立又紧密相关的象限。省钱是您摆脱“月光族”头衔并有理财意识萌生的展现，其重点在于合理安排支出消费，保持良好的积累。防灾是将您未来会面临的诸多不确定性因素通过保险手段规避掉可能带来的风险。而赚钱则是让您拿到开启财富大门的钥匙。理财中的赚钱是让您运用理财原理对名下可支配财产进行分配投资的一种做法，或者干脆称作本领。

理财金字塔在许多地方被指是一种理财观点，并认为理财应先规划好一个收益与风险都非常稳健的基座，然后逐层逐步增加较高收益与较高风险、高收益与高风险的理财产品。理财金字塔的原理是：最底层较宽较稳健，它是建立理财规划的基石，目前配置风险较小的理财产品主要有：储蓄存款、保险投资、国债投资。配置银行储蓄存款目标是注重零用和应急，它具有很高的安全性和流动性。而最容易让人忽视的，是永远重要但却永远不紧急的保险投资。特别是人寿保险，它是稳定塔基的最实用最有效的工具，能够有效地减少因意外或健康等风险给家庭带来资产缩水。没有保险意味着财务裸体。中层是年期、风险、回报都在中等水平的理财产品，像公司债券、金融债券、优先股票、各种基金产品。当然，买房和投资教育保险也是重要的理财方式。即使是买房自住其实也属理财范围之列，教育是一笔一定要花的钱，越早准备越轻松。这一层的风险居中，博的是稳定而非丰厚的收益。顶部较窄，投入资金不多，承担风险多，收益相对较高且具有进取性的投资产品，像股票投资、期货投资、实体经济投资。金字塔的尖顶有多高，底边有多长，要根据建设金字塔的人本身的收益希望，投资品种的多寡，个人理财的习惯与能力来搭建，而理财产品放入金字塔的哪一个层面又要视投资者的年纪，收入稳定性，资金规模，预计投资年期，税收政策，流动需要等等而定。经常大家见到的资产分配比例有以下几种：

“532”型理财结构配置。这是最常见的一种资产分配方式，将50%的资产投资于固定收益类产品中，在这其中，活期储蓄存款，定期储蓄存款，保险投资，国债投资，黄金投资的分配比例是很有些学问的。保守来讲，活期储蓄存款以留足个人6个月的月支出为限，保险的开支以投资者个人年收入的10%~20%之间为妥，定期储蓄存款、国债投资和黄金投资要根据具体情况来安排。将30%的资产投资于各种投资基金和各种债券、第三方理财、P2P民间资金拆借投资。建议将20%的资产投资于股市。股票交易不仅是您提升财商的战场，其收益和风险在所有理财产品中自然也是最高的。在这个阶段您可以感受到资本市场的魅力以及交易的乐趣，但要严格遵守交易规则和承受投资亏损的压力。“532”型投资配置适用于绝大多数人，尤其是40岁以上的人士最喜欢。其特点是稳健，收益也相对较好。缺陷是对于追求较高收益的人来说，收益还是不能让他们满意的。

"433"型理财结构配置。与足球赛中的阵型一样，"433"型布局是一种进取型的理财配置，比较适用于30岁以下年轻人或投资经验丰富，以及有风险偏好的人士。相对于"532"型投资配置，"433"型投资配置增加了高风险部分的投入金额，也就是说增加了理财者亲自出马参与直接投资的部分，可充分满足其追求高收益和成就感的心理。

"442"型理财结构配置。是一种平衡型资产分配方式，攻守平衡，难点在于中层的40%的具体安排，在债券型基金和平衡型基金应多投入一点，股票型基金还是不要超过15%为好。"422"型配置比较适应35岁左右的投资者，因为它进可攻退可守，在经济不明朗时可变为"532"型配置，在经济形势好时可变为"433"型配置。

与营养金字塔的搭建需要五谷杂粮作根基一样，理财金字塔也需要一个稳固的基座，虽然很多家庭的可支配收入日渐宽裕，但手中的"闲钱"却往往不足以应付生活中突发事件的产生。特别是重大疾病、意外死亡、严重伤残事件的发生。投资者首先要考虑为家庭成员配备意外伤害险和重大疾病险投资。否则，基座上一旦出现了无法修复的无底洞，财富就会面临大幅缩水甚至被消耗殆尽的局面。此外，要善于利用保险"强制储蓄+专款专用"的特点，通过储蓄型保险帮助家庭进行子女教育、储蓄、退休等各项财务规划。通过购买养老保险和教育保险产品来满足家庭长期理财的需求，还可以充分利用手头的闲置资金，避免冲动消费，实现财富积累，换取长期、稳定的现金流，用来支付未来生活所需，或作为旅游、医疗、养老、教育的专项资金，平滑未来收入不稳定的风险。

生活中有很多理财方式，综合来看，基础部分主要是保证自身立于安全的生活保障范围，向上则依据投资风险高低来参与。风险越高，投资比重应该越小。在搭建家庭理财金字塔的时候，应注意以下几点：工薪阶层理财注重基础，以稳健理财为主，重点还在于夯实基础，先做积累，同时可用很少的资金去参与高风险投资。中产阶层理财应注重资产配置种类，分散风险，稳步提高收益，或请理财规划人员协助理财。高端人群适合由高级理财规划师、或者委托投资公司等来安排、运作。

5. 储蓄存款利息也是“肉”

从2017年整存整取的定期储蓄存款品种来看，中国工商银行、中国银行、中国建设银行、中国农业银行和交通银行储蓄存款年利率在基准利率基础上上浮7%~30%不等，但其他商业银行相对基准利率上浮幅度最多的可达40%。其中，中国农业银行、中国银行、中国建设银行、交通银行4家银行的存款利率一样，3个月到2年的存款利率较基准利率上浮7%~22%不等。这4家商业银行3个月、6个月、1年、2年的定期储蓄存款利率分别是1.35%、1.55%、1.75%、2.25%，分别较基准利率上浮了22.72%、19.23%、16.67%、7.14%。4家商业银行3年和5年储蓄存款利率均为2.75%，与基准利率相同。2017年第一季度银行存款利率报告显示，五大股份制商业银行在35个城市的各期限存款利率平均最高上浮40%水平，邮储6个月定期储蓄存款最高上浮40%，股份制商业银行的储蓄存款利率最高上浮45%。而值得注意的是，同一家商业银行在不同城市的利率政策并不完全一致，存在着地区差异。截至2017年5月23日，北京地区定期各期限存款利率最高上浮36.67%，上海地区最高上浮36.36%，南京地区最高上浮42%。为了使客户的资金稳稳留住，各家商业银行还下调了活期储蓄存款利率。目前，绝大多数商业银行都将活期储蓄存款利率定为0.3%，下调幅度接近15%。而除了定期储蓄存款品种外，目前各大商业银行还纷纷大幅度提高了大额存单的利率以吸收社会资金。中国工商银行发行的大额存单起存金额分为20万元和40万元两种。存款金额20万元，存款期限1个月、3个月、6个月、1年、2年的年利率分别是1.53%、1.54%、1.82%、2.1%、2.835%；存款期限为3年的大额存单金额为40万元，存款年利率3.6%，较基准利率上浮30.9%。相比之下，中小银行的大额存单利率更高。客户存款金额在20万元以上，3个月、6个月、1年、2年、3年的储蓄存款利率分别是1.562%、1.846%、2.13%、2.982%、3.905%，均较基准利率上浮42%。就目前系列数据不断显示来看，2017年存款理财收益开始提高。

但是一提到理财，许多人总是联想到股票、债券、ETF，甚至是红木、邮票、房产，而且认为不懂K线就别玩理财，理财是有钱有闲还得有那么点专业知识的人才能玩的“高、大、上”游戏。其实，理财的门槛很低，如果方法得当，即使是收益回报很低被很多朋友难入眼界的储蓄存款一样可以理财来钱。不妨建议大家理财的起步先从学会储蓄存款开始。因为大部分年轻人参加工作后主要是靠工资收入打理自己的生活消费，同时大部分退休后的老年人主要依靠退休金维持自己的晚年生活需要，而刚刚进城务工的农民朋友工资收入在满足生活需要后其剩余钱款也不会很多。因而在有限的理财空间里，如何产生最大的收益是这部分群体非常关心的问题。就目前来看，储蓄存款理财非常适合老年人、年轻人和打工者，既可以保证资金的安全，还能得到一定利息的收入。不过，不同的存款方式，得到的利息是不一样的。比如，目前银行的活期存款利息率是0.35%，1年期定期存款利息率是2.5%，3年定期存款利率是3.5%，5年定期存款利率是3.75%。当然，存期越高，银行支付的利息率就越高，但同时存款的灵活性也就越差。使用最灵活的非活期存款莫属，随用随取，但定期存款一旦存入，如果没有到期提前支取的话，就只能按照活期存款支取利息了，这样做显然会损失一部分利息收入。那么，有没有能兼顾高利息和灵活性的储蓄方法呢？下面的几种存款方法，可能会对老年人的财富积累有所帮助。

（1）存单四分法，提前支取损失少。张大妈刚刚收到儿子寄来的10万元钱，用于张大妈的保健医疗费用，但张大妈目前还不需要使用这笔钱。把钱存活期吧，取钱方便，但利息太低；存定期吧，要用钱时又得提前支取，利息一样损失惨重。若使用所建议的存单四分法进行储蓄存款，张大妈可以把10万元钱分成四份来做定期储蓄，而每张存单的金额由小到大不等。具体来说，就是把10万元分成1万元，2万元，3万元，4万元共四张存单，分别存为1年定期。用这种方法，假如张大妈急需使用1万元时，可以只提取1万元的存单，这样，损失的定期利息，只是这1万元的，而其他9万元的定期利息照样享受。用这种方法，可以避免原本只需要提取小额现金却不得不动用大额存单的弊端，减少了不必要的利息损失。虽然也有银行定期存款可以提供部分提前支取服务，即到期前可以提前支取一部分本金，未支取的本金仍然可以享受定期存款利息，但是大多约定部分提前支取只能办理一次，因此，对于存款金额比较多的人来说，存单四分法是比较合适的。另外，存款拆分不是越细越好，否则会给您的存单管理带来不小的麻烦。

（2）约定转存，循环储蓄，结余不再“睡大觉”。李大爷夫妇俩退休工资比较高，加上两位老人生活比较节俭，每月退休金都能结余2000元左右，可是1年下来，发现退休工资卡上的利息只有45.5元。物价长得这么快，让存款就这么躺在银行活期账户上“睡大觉”，李大爷怎么想也觉得不合适。对于李大爷夫妇这样，每月都有固定结余的人来说，可以将每个月结余都存为1年期定期储蓄，并约定自动转存。这样，1年下来就有12张单子，1年以后，每个月都有一张单子到期。若需要用钱，可把钱取出，无需用钱，则可把到期存款加上当月节余一起再存起来，这样既保证了资金流动性，也享受了比活期高的利息。如果李大爷觉得每月跑银行太麻烦，还可以建议李大爷在银行办理“约定转存”业务。“约定转存”业务目前在多家银行均已开设，客户可自行设定每月转为定期的金额及定期期限，银行则按月划走相应数额到定期账户，从而享受定期利率。比如每月节余2000元，如放在工资卡里存活期，1年后利息只有45.5元。如果李大爷使用循环储蓄方法，再去银行办个“约定转存”业务，不用月月跑银行，1年后利息会变成331.5元，利息是存活期的7倍多。

（3）阶梯储蓄，存款灵活收益高。小张和小李是一对刚刚新婚不久的年轻夫妻，小两口的年终奖加起来有3万元现金左右，建议这对小夫妻在存款时可采取平均3等份的做法，分别存为1年期、2年期和3年期的定期储蓄，1年后，用到期的1万元，再转存为3年期定期储蓄，以此类推。3年后，三张存单都变成3年期的定期存单，而且每年都会有一张存单到期。这种存款方式既可以获得3年期存款的较高利息，还能保证一定的灵活性，在应对储蓄存款利率调整的时候，这种存款方法具有一定的优势。具体如表1所示。

（4）银行特色储蓄，让您的钱更自由更保值。目前，各家银行在利率市场化和各类宝宝们的竞争压力下，纷纷推出了特色储蓄产品，让客户的钱更自由更保值。以中国工商银行推出的“节节高金融增值服务”为例，只要客户与中国工商银行签订业务协议后，在支取节节高存款时，只要满足约定金额（5万元）和约定期限（3～36个月），就能享受节节高分段组合计息的最优化服务。所谓分段组合计息，是中国工商银行通过流程和系统优化，根据客户实际存期，按照最优组合为市民进行分段组合计息，最多可拆分成“两段定期存款+一段通知存款”共三段进行计息。举例来说，如果您的“节节高”存款在中国工商银行放了9个月零6天，那么，这个时候支取，您就可以获得“半年定期储蓄存款+3个月定期储蓄存款+6天一天通知存款”的利息。如果是1年6个月零5天，那么就按照“1年定期储蓄存款+半年定期储蓄存款+5天一天通知存款”来获得收益。如果时间更长些，2年3个月零5天，即按照“2年定期储蓄存款+3个月定期储蓄存款+5天一天通知存款”计息。不论哪种储蓄存款方式，您的收益都远比0.35%的中国人民银行基准活期利率要划算太多了。

除中国工商银行外，平安银行的“定活通”存款产品，民生银行的“随心存”、广发银行的“定活智能通”、中国建设银行的“1年特色存款业务”也是类似产品。选择这类特色产品，客户可以兼顾资金使用便利和较高的收益，但是，各家银行此类储蓄业务一般都有较高的起存点要求，大多要求客户的存款金额达到万元以上甚至更多，才能享受到特色储蓄服务。

提醒大家的是，存款也要“货比三家”。过去，我们国内所有的商业银行统一执行中国人民银行公布的存款利率，也就是说，在各家银行，相同期限的同种存款，利率是没有区别的。随着我们国家利率市场化改革的进一步推进，银行存款利率的上限正在逐步放宽。2012年6月8日，中国人民银行将存款利率浮动区间的上限调整为基准利率的1.1倍，2014年11月21日，中国人民银行将存款利率浮动区间上限扩大至基准利率的1.2倍，2015年2月28日，再次上调金融机构存款利率浮动区间的上限，为基准利率的1.3倍。随着利率市场化的推进，存款利率浮动区间的上限提升，将让银行之间的竞争加剧，那些机制更加灵活的银行将更有可能将存款利率上浮到顶，以吸引更多的存款，这种状况将让存款人获取更多的利息收益。这就意味着，以后去各家银行存款，相同期限的存款可能利息就不一样了。

对于广大储户来说，在选择定期储蓄存款前，可先货比三家，选择到更高存款利率的银行存款。但也要提醒广大储户的是，目前我国大中小银行的抗风险能力不同，切不可为盲目追求高利息而忽视了对银行稳健性的选择。另外，我国存款保险制度中明确提出，对储蓄存款的最高偿付限额为人民币50万元，超出最高偿付限额的部分，依法从投保机构清算财产中受偿。对于存款超过50万元的储户来说，建议把存款分散存到几家不同的银行，也可以把存款分散存在家庭不同成员的账户下（见表1）。

表1　　国内部分商业银行最新存款利率表

（截至2017年5月31日）　　单位:%

银行名称	活期	3个月	6个月	1年期	2年期	3年期	5年期
中国人民银行基准	0.35	1.10	1.30	1.50	2.10	2.75	
中国工商银行	0.30	1.35	1.55	1.75	2.25	2.75	2.75
中国农业银行	0.30	1.35	1.55	1.75	2.25	2.75	2.75
中国建设银行	0.30	1.35	1.55	1.75	2.25	2.75	2.75

续表

银行名称	活期	3 个月	6 个月	1 年期	2 年期	3 年期	5 年期
中国银行	0.30	1.35	1.55	1.75	2.25	2.75	2.75
交通银行	0.30	1.35	1.55	1.75	2.25	2.75	2.75
邮储银行	0.35	1.35	1.51	2.03	2.50	3.00	3.00
招商银行	0.35	1.35	1.55	1.75	2.25	2.75	2.75
光大银行	0.30	1.50	1.75	2.00	2.41	2.75	3.00
中信银行	0.30	1.50	1.75	2.00	2.40	3.00	3.00
华夏银行	0.30	1.50	1.75	2.00	2.40	3.10	3.20
兴业银行	0.30	1.50	1.75	2.00	2.75	3.20	3.20
平安银行	0.30	1.50	1.75	2.00	2.50	2.80	2.80
浦发银行	0.30	1.50	1.75	2.00	2.40	2.80	2.80
民生银行	0.30	1.50	1.75	2.00	2.45	3.00	3.00
恒丰银行	0.35	1.43	1.69	1.95	2.50	3.10	3.10
广发银行	0.30	1.50	1.75	2.00	2.40	3.10	3.20
北京银行	0.35	1.505	1.765	2.025	2.50	3.15	3.15
农商银行	0.30	1.40	1.56	1.95	2.52	3.20	3.30
宁波银行	0.30	1.50	1.75	2.025	2.60	3.10	3.30
南京银行	0.35	1.40	1.65	1.90	2.52	3.15	3.30
泉州银行	0.42	1.944	2.232	2.52	3.055	3.90	4.225
徽商银行	0.35	1.43	1.69	1.95	2.73	3.33	4.00
厦门银行	0.385	1.21	1.43	1.80	2.52	3.30	3.30
江苏银行	0.35	1.40	1.67	1.92	2.52	3.10	3.15

6.
给家人穿上“防弹衣”

近几年来，投资理财越来越深入到人们的经济生活中，理财、基金、股票、理财产品甚至股指期货等名词成为许多人使用最多的“口头语”，虽然许多投资者都曾经历过股票大跌，基金深度缩水，但投资理财作为人们提高财产性收入的最主要渠道，将会受到越来越多的重视。但在日常理财过程中也时常发现，许多客户将绝大部分甚至全部资金都投入了偏股型基金、股票等高风险的资产，不仅违背了“不要把鸡蛋放在一个篮子里”的投资原则，而且保险在许多客户的理财组合中严重“缺位”，很多投资者的投资产品配置中，没有任何保险产品，或者即使有但保险的保额也严重不足，这样的投资理财组合无疑是存在很大风险的。科学地讲，任何一个投资理财组合都不应该让保险缺位，因为缺少了保险的理财组合是一个不健全、缺乏安全性的理财组合。

要做到在自己的投资理财组合中不让保险缺位，首先要意识到各种保险产品的功能或者说是各种保险的重要作用。从经济角度看保险功能，保险是分摊意外事故所造成的损失的一种财务安排，通过保险将少数被保险人的损失由所有被保险人分摊；从社会角度看保险功能，保险是社会经济保障制度的重要组成部分，是社会生产和生活的“稳定器”；从风险管理角度看保险功能，保险是一种风险管理方法，能够发挥分散风险、弥补损失的作用。三种说法虽然不同，但最终的落脚点就是风险管理，即保险可以帮助投保者较好地分散风险、减少损失。

在人的一生中经常会遇到一些无法预料的事情，这就是风险。风险的特征其实就是具有不确定性，即现实中的您并不清楚风险何时会发生，损失会有多大，也不知道它会持续多久，但它却无时无刻不存在。古语说，凡事预则立，不预则废，那么怎么才能做到“预”呢？其实，投资保险产品就是一个非常值得信赖的避险工具与手段。因为保险具有分散风险、补偿损失、强制储蓄、合理避税的功能，在人们的经济生活中发挥着极为重要的作用。基于保险的重要性，世界许多国家和地区都非常重视保险业的发展，保险深度和保险密度都很高。曾经有这样一个笑话，说一个失事海船的船长是如何说服几位不同国家的乘客抱着救生圈跳入大海的：他对英国人说这是一项体育运动，对法国人说这很浪漫，对德国人说这是命令，而对美国人则说您已经被保险了。这位船长之所以这样来说服不同的人，主要是迎合了不同国家居民的性格特征和所处经济社会环境。在美国，上至国家元首，下至平民百姓，人人都很重视保险，保险是人们生活中不可缺少的重要一环，保险在他们的生活中就像吃饭、睡觉、休息一样重要，甚至可以说人们在做任何事情之前都要考虑是否已投保，所以只有船长说他已经被保险了，他才会放心地抱着救生圈去跳海。但是，由于受经济发展水平、人们的生活习惯和对保险重视程度等因素的影响，我国保险业的发展相对比较落后，老百姓的保险意识比较淡薄，主动购买保险的人非常少，购买保险的人相当一部分都是经过保险营销员做工作后“被动”购买的。目前在国内理财产品市场中几乎绝大部分的投资者都对基金、股票等理财产品的投资收益非常感兴趣，却很少有人提到或者咨询保险，更不用说要购买什么样的保险了。保险代理人在得知一些客户没有任何保险或者保险额度不足，并试图让他们在理财组合中配置保险时，绝大部分情况下都被他们“婉言谢绝”，甚至将保险代理人大骂一顿，认为这些人是骗子，只要求推荐基金等“收益高”的理财产品。如就有关数据进行分析就可以明显地看出来，日本人均保单 8 张左右，人均保费 6200 美元，美国人均保单 5 张左右，人均保费 4500 美元，而在我国的内地保险市场，人均保单数目前仅为 0.07 张左右，人均保费 40 美元，差距与潜在市场之大可想而知了。

其实保险理财就像一艘游轮中的救生艇一样，邮轮好比基金、股票等理财方式，邮轮又大又舒服自然很好，但一旦遇到风险，船沉的时候，只有救生艇能救您的性命。不要让自己的家庭像泰坦尼克号一样，乘船的人起航时无限风光，在海上遇到风险才发现救生艇不足，最后不得不舍弃自己的至亲，甚至是自己的性命。

鉴于保险的重要，每个人、每个家庭的理财组合中都应该配置保险，并把它作为理财组合中最基础、最重要的组成部分。为方便理解，您也可以把投资理财组合比作一个足球队，如果说基金、股票等投资理财工具是“前锋”和“中锋”的话，那么保险就是“后卫”和“门将”，无疑，“前锋”和“中锋”可以帮助您攻进更多的球，赚得更多的收益，而“后卫”和“门将”则可以阻挡对方进球，预防风险和损失的发生。显然，对一个球队来说，前锋、中锋、后卫和门将都很重要，都是不可缺少的一部分。作为一种竞技比赛，也许您会说前锋非常重要，毕竟只有进球才能得分，但更多的情况下选好门将、防止进球则更为重要，这个道理相信每个人都明白。作为一个理财组合来说也是如此，一个健全、完善的家庭综合理财规划方案应该包括保险规划、投资规划、税务规划、退休规划以及房产规划、教育规划等组成部分，根据每个人的不同情况，有时候可以缺少房产规划、税务规划等组成部分，但绝大多数情况下，保险规划是不可缺少的。为此，每个人、每个家庭在进行理财规划的时候，都应该先看看自己是否已经购买了足够的保险，如果保险额度不足甚至还没有任何保险产品，那么应该先拿出一部分资金购买保险，用于应急和抵御风险，切不可让保险在您的理财组合中缺位。马斯洛的需求理论把人的需求分为五个层次，由低到高依次为生理需求，安全需求，社交需求，尊重需求和自我实现需求。从需求层次来看，保险层次需求属于较低层次的安全需求，对于您这个已经满足了吃饭穿衣且基本生理需求不愁的社会来讲，位于安全层面的保险需求早就应该是生活的必需品了。

从个人理财的角度来看，您不仅需要追求投资收益，同时更要注重风险的把控，尤其是控制恶性风险。所谓恶性风险就是指可能造成您重大财产损失、身体健康严重伤害、重大疾病、残疾、甚至人身死亡的事件。由于恶性风险会给您实现人生目标造成非常严重、甚至灾难性的障碍，因此，您在拟订任何一个理财方案时，控制恶性风险是首要任务，这一点应当优先于任何其他理财策略，从这个意义上讲，保险的保障功能得到了充分的体现。

在个人和家庭理财的计划安排中，简单的划分资金比例，投向不同的投资工具，是我国目前的个人和家庭理财特点。目前保险产品在个人和家庭理财中占有相对较弱的地位，尤其是在成长期和家庭成熟期的年轻人当中，由于其身体健壮，对于未来的不可预知的风险和意外，没有足够的保险理财意识，因而其投资组合多没有保险产品或者保险产品的投资占很少的一部分。应该讲，保险是非常好的理财工具，但并非是好的投资工具。个人理财指的是如何制定合理利用财务资源，实现个人人生目标的程序；而决定一个完备的个人理财的投资组合，是一个很复杂的程序。从这个定义中您可以看得出理财的目的性很明确，即以实现人生目标为目的，而投资是以获取利润为目的。这两者之间显然有着本质的区别。

若从投资的角度来综合考察保险产品的流动性和收益性，保险很难与股票、基金、国债等金融投资产品一较高下。因此保险产品只能说是很好的理财工具，并非好的投资产品，很多时候您把理财和投资混淆在一起，甚至等同起来，这是不正确的。一般来说，您认为投资是理财中极其重要的一部分，但绝不是全部。具体到保险产品，有些保险产品是纯消费性的，例如住院医疗保险等，而投资型保险产品大都具有附加的消费型产品功能，投保此类保险实现了转嫁风险的目的，又能在投资账户中获得额外的收益，因而，保险产品是很好的理财产品，它具有投资功能，但其投资方面不能完全和股票、基金相媲美。

需要说明的是，投资型保险在个人理财中属于防守型金融工具，是家庭的“防弹衣”。在理财规划中，防范风险是非常重要的。投资产品与其他金融工具不同，在理财规划中作为防守型工具发挥作用时，具有以小御大的特点，即可以用少量的资金抵御数十倍、数百倍、甚至数千数万倍于保险费用本身的风险。这一点是其他金融工具无法替代的，正如您为每辆车安装车锁，并在停车场支付停车费一样，用于购买保险的投资根本上讲就是您的人身安全成本，而投资型产品既可实现保障功能又可进行投资，二者实现了完美结合。

7. 银行理财产品种种

如果您觉得各种储蓄存款方法获得的收益还是稍低一些，同时您又有一定的风险承受能力，那么银行种类繁多的理财产品中总有一款适合您。银行理财产品是商业银行在对潜在目标客户群分析研究的基础上，针对特定目标客户群开发设计并销售的资金投资和管理计划。与储蓄存款不同的是，在理财产品投资中，银行只是接受客户的授权管理资金，投资收益与风险由客户与银行按照约定方式承担。

目前，商业银行理财产品的种类繁多。截至 2016 年年末，全国共有 497 家银行业金融机构持有存续的理财产品，理财产品数 7.42 万支，理财产品存续余额 29.05 万亿元，较年初增加 5.55 万亿元，增幅 23.63%。从银行业理财产品发行情况来看，2016 年银行业理财产品市场有 523 家银行业金融机构发行了理财产品，共发行 20.21 万支，平均每月新发行产品 1.68 万支，累计募集资金 167.94 万亿元。2016 年全年发行产品数和募集资金数分别较 2015 年提高 8.17% 和 6.01%。其中，开放式理财产品较2015年增长4.8%；封闭式产品较2015年增长9.27%。这些不同的理财产品具有不同的特征，是针对不同客户需求开发的。作为投资者，在买入银行理财产品前，我们需要充分了解不同理财产品的特征，从而选择最合适自己的理财产品。

商业银行的理财产品有着不同的分类。若按照购买时使用的币种不同，可以分为人民币理财产品、外币理财产品和双币理财产品。人民币理财产品主要是面向个人客户发行，以人民币标价和购买的银行理财产品。外币理财产品主要针对手中有一定外币，希望获得比银行存款更高的收益，又不愿意承担过高风险的储蓄客户，投资领域主要是国际的外汇买卖及衍生品市场。双币理财产品则根据货币升值预期，将人民币理财产品和外币理财产品进行组合创新。若按照风险收益特征不同，即银行理财产品是否保证或承诺收益，银行理财产品可以分为固定收益理财计划、最低收益理财计划、保本浮动收益理财计划和非保本浮动收益理财计划4个品种。投资固定收益理财计划，投资者获取的收益固定，风险完全由银行承担，发生了损失完全由银行承担，如果收益很好，超过固定收益部分也完全由银行获得。为了吸引投资者，这种产品提供的固定收益一般会高于同期存款利率。最低收益理财计划就是银行向客户承诺支付最低收益，其他投资收益则由银行和客户按照合同约定分配。对投资者而言，这种产品风险高于固定收益理财计划，但是它有获得较高收益的机会。投资保本浮动收益理财计划，银行保证客户本金的安全，收益则按照约定在客户与银行之间进行分配。银行为了获取较高收益会投资于风险较高的投资工具，投资人可能获得较高收益，如果造成损失，银行仍会保证客户本金安全。非保本浮动收益理财计划是商业银行根据约定条件和实际投资收益情况向客户支付收益，并不保证客户本金安全的理财计划。银行部队客户提供任何本金与收益的保障，风险完全由客户承担，而收益则按照约定在客户与银行之间分配。而对于客户来讲，四种产品的风险是依次提高的，当前我国银行发行的各种理财产品中，第一种和第四种产品较少，中间两种产品较多。一般来说，保证收益理财计划适合退休的老年人和保守稳健型投资者，而非保证收益理财计划多受到上班族的偏爱。

若按交易类型不同分，银行理财产品可分为开放式产品和封闭式产品。与基金类似，开放式产品是总体份额与总体金额都是可变的，即可以随时根据市场供求情况发行新份额或被投资者赎回的理财产品。而封闭式产品是总体份额在存续期内不变，而总体金额是可能变化的理财产品。对于封闭式产品，投资者在产品存续期既不能申购也不能赎回，或只能赎回不能申购的理财产品。封闭式产品的赎回一般都会有特定的条款，该条款规定客户或者银行在触发条款规定时具有赎回的权利。

若银行理财产品按期次性可分为期次类理财产品和滚动发行理财产品。期次类产品只在一段销售时间内销售，比如委托期为1周或1年的产品，到期后利随本清，产品结束；而滚动发行产品，比如每月滚动销售的产品，是采取循环销售的方式，这样投资者可以进行连续投资，拥有更多的选择机会。在滚动发行的理财产品中，一些银行为了方便客户，通过一次性签约形式，自动实现产品的滚动购买。

若从投资类型和投资对象看，银行理财产品主要分为货币型、债券型、信托类、结构类理财产品、组合投资类理财产品。其中，货币型理财产品是投资于货币市场的银行理财产品。主要投资于信用级别较高、流动性较好的金融工具，包括国债、金融债、中央银行票据、债券回购、高信用级别的企业债、公司债、短期融资券，以及法律法规允许投资的其他金融工具。由于央行票据与企业短期融资券个人无法直接投资，这类理财产品实际上为客户提供了分享货币市场投资收益的机会。货币型理财产品安全性高，流动性强，属于保守、稳健性产品，其目标客户主要为风险承受能力较低的投资者，适合保守型和稳健性客户投资。与货币型理财产品相似，债券型理财产品是以国债、金融债和中央银行票据为主要投资对象的银行理财产品，投资结构简单，资金安全。目前，对于投资者来言，购买债券型理财产品面临的最大风险来自利率风险和流动性风险。利率风险主要来自人民币存款利率的变化；流动性风险主要是因为债券型理财产品通常不能提前赎回，因此投资者的本金在一定时间内会固化在银行里。相对于债券型理财产品，货币型理财产品的流动性相对较好，可随时变现，投资的企业债的信用级别相对较高，风险更小。债券型保本理财产品说明书格式如表 2 所示。

表 2　　债券型保本理财产品说明书格式

产品名称	××人民币债券型保本理财
产品类别	保本浮动收益型
适合客户类别	保守型、收益型、稳健型、进取型、积极进取型个人客户
本金及收益币种	投资本金币种：人民币 兑付本金币种：人民币 兑付收益币种：人民币
投资期限	38 天
计息规则	1. 投资期内按照单利方式，根据客户的投资本金金额及预期最高年化收益率（像实际年化收益率可达预期最高年化收益率）计算收益。 2. 募集期内按照活期存款利息计息，募集期内的利息不计入投资本金。 3. 投资到期日至兑付日不计算利息。
产品预期最高年化收益率	3. 10%
投资起始金额	5 万元
投资金额递增单位	1000 元
提前终止权	投资者无提前终止权，银行有提前终止权
附属条款	不具备质押等功能

信托型理财产品投资于有商业银行或其他信用等级较高的金融机构担保或回购的信托产品，也有投资于商业银行优良信贷资产受益权信托的产品。收益较高、稳定性好是信托产品的最大卖点。信托产品一般是本金不保底、收益不封顶，比起一般公募理财产品，其风险比较大。但银行发行的信托理财产品则往往会考虑到本金的保底及收益问题，所以它会对资金的投资项目进行调研和把关，较大程度保证了资金的安全性。贷款类信托计划产品一般都是资质优异、收益稳定的基础设施类信托计划，并且大多有第三方担保，在安全性方面比单纯的信托投资项目要略微高一些。同时在投资过程中，投资银行会不断监控、跟踪贷款的动向，从而可以最大程度上规避信托项目的投资风险。

结构性理财产品，也称为挂钩性产品，是运用金融工程技术，将存款、零息债券等固定收益产品与金融衍生品（如远期、期权、掉期等）组合在一起而形成的一种新型金融产品。结构型理财产品有的与利率区间挂钩，有的与美元或者其他可自由兑换货币汇率挂钩，有的与商品价格（国际商品价格）挂钩，还有的与股票指数挂钩，特别适合风险承受能力强，对金融市场判断力比较强的消费者。结构性理财产品的浮动收益部分主要来源于其挂钩的资产的表现，因此，影响标的资产价格的诸多因素都成为结构性理财产品的风险因素。此外，结构性理财产品的收益发生必须完全符合其产品说明书所约定的条件，所以结构性理财产品的收益计算与传统投资工具如股票等有较大差异。结构性理财产品说明书的格式如表3所示。

表3 结构性理财产品说明书的格式

产品名称	××人民币结构型理财
产品类别	保本浮动收益型
适合客户类别	保守型、收益型、稳健型、进取型、积极进取型个人客户
本金及收益币种	投资本金币种：人民币 兑付本金币种：人民币 兑付收益币种：人民币
投资期限	91天
产品预期最高年化收益率	13%
投资起始金额	5万元
产品类型	结构性产品
投资品种	债券、货币市场，其他
挂钩标的	指数

组合投资类理财产品通常投资于多种资产组成的资产组合或资产池，包括债券、票据、债券回购、货币市场拆放交易、新股申购信托计划等多种投资品种，发行方往往采用动态的投资组合管理方法对资产池进行管理。组合投资类理财产品期限覆盖面广，比较灵活，资产池的运作模式在分散风险的同时扩大了资金的运用范围和客户收益空间，资产管理团队可以根据

市场状况，及时调整资产池的构成。在投资组合投资类理财产品时应注意的是，由于组合投资类产品信息透明度不高，投资者难以全面及时地了解详细资产配置，同时负债期限和资产期限的错配、金融衍生品的加入增加产品投资的风险。组合投资类理财产品说明书的格式如表 4 所示。

表 4　　组合投资类理财产品说明书的格式

产品名称	××人民币非保本理财
收益类型	非保本浮动收益型
适合客户类别	收益型、稳健型、进取型、积极进取型个人客户
发售规模	规模上限不超过 20 亿元人民币
产品预期最高年化收益率	4.95%
基础资产构成及运作方式	本产品主要投资于以下符合监管要求的各类资产：一是债券、存款等高流动性资产，包括但不限于各类债券、存款、货币市场基金、债券基金、质押式回购等货币市场交易工具；二是债权类资产，包括但不限于债权类信托计划、北京金融资产交易所委托债权、特定客户委托贷款等；三是其他资产或者资产组合，包括但不限于证券公司集合资产管理计划或定向资产管理计划、基金管理公司特定客户资产管理计划、保险资产管理公司投资计划等。本产品可开展债券回购、存单质押融资等融入或融出资金，应对流动性需要和提高资金使用效率

续表

业绩基准	本产品拟投资0～80%的高流动性资产，20%～100%的债权类资产，0～80%的其他资产或资产组合。按目前市场收益率水平，扣除销售手续费、托管费后，产品业绩基准分档如下：客户单笔购买金额为5万元（含）～50万元（不含），业绩基准为4.70%（年化）；客户单笔购买金额为50万元（含）～100万元（不含），业绩基准为4.90%（年化）；客户单笔购买金额为100万元（含）以上，业绩基准为4.95%（年化）。测算收益不等于实际收益，投资需谨慎。工商银行将根据市场利率变动及资金运作情况不定期调整产品业绩基准，并至少于新业绩基准启用前1个工作日公布。每个投资周期对应的业绩基准以每个投资周期起始日前一日的产品业绩基准为准，并于该投资周期内保持不变。选择了自动再投资的客户，如遇产品业绩基准调整，客户持有产品期间，单个投资周期内收益率不变，但每个投资周期的收益率可能不同

从前面的介绍中可以看到，不同的银行理财产品风险和收益情况是不同的，对于初次购买理财产品的投资者，商业银行会进行投资者风险属性测评，根据测评结果，将投资者根据风险承受能力不同划分为不同类型，并根据投资风格和偏好选择适合投资者的理财产品（见表5）。

理财产品的风险类别目前主要有以下几种：极低风险产品：经各行风险评级确定为极低风险等级产品，包括各种保证收益类理财产品，或者保障本金，且预期收益不能实现的概率极低的产品。低风险产品：经各行风险评级确定为低风险等级

表5 商业银行客户分级评估标准及可以购买的产品类型推荐表

分值范围	客户类型	适合的产品类型
小于等于20	保守型	极低风险产品
21~45	稳健型	极低、低风险产品
46~70	平衡型	极低、低、中等风险产品
71~85	成长型	极低、低、中等、较高风险产品
86~100	进取型	极低、低、中等、较高或高风险产品

产品，包括本金安全，且预期收益不能实现的概率较低的产品。中等风险产品：经各行风险评级确定为中等风险等级产品，该类产品本金亏损的概率较低，但预期收益存在一定的不确定性。较高风险产品：经各行风险评级确定为较高风险等级产品，存在一定的本金亏损风险，收益波动性大。

面对形形色色的理财产品，投资者在购买时，除了要参考自己的风险承受能力外，理财产品的收益水平和风险因素肯定是投资者们重点关注的。同样的理财产品，各家银行的预期收益会出现差异，中小股份制银行由于网点等硬件因素不如大型国有股份制银行，所以为了应对市场竞争，理财产品的收益率一般要比国有股份制银行高一些。同是中小股份制银行，由于运作经验、产品渠道的不同，理财产品的收益也略有差距。因此，大家在购买理财产品时，一定要综合衡量，优中选优。不过，预期收益并不是越高越好，还要看产品的结构情况和是否有保本、保收益的承诺。同样是“打新股”的理财产品，有的是由银行委托专业投资机构用客户募集资金进行新股申购，预期年收益最高可达20%；有的则是在客户的募集资金之外，投资机构自己再拿出一定自有资金共同进行新股申购，并且客户享受优先受益权，即优先保证客户的最低收益。这种产品的预期收益一般低于前者，不过，由于这种产品具备了保收益的机制，所以追求稳妥的投资者可购买这种产品。

投资者还需要注意的是，理财产品的预期收益率只是一个估计值，不是最终收益率。而且银行的口头宣传不代表合同内容，合同才是对理财产品最规范的约定。投资者购买银行理财产品需要认真阅读产品说明书，形成对理财产品收益的合理预期。大部分产品的流动性较低、客户一般不可提前终止合同、少部分产品可终止或可质押，但手续费或质押贷款利息较高。多数理财产品为不保本浮动收益产品，像结构性理财产品收益，与其挂钩的产品价格走势波动比较大，比如艺术品、酒类、普洱茶投资市场都出现过暴涨暴跌，因此理财产品风险收益也比较大，风险承受能力不高的普通投资者最好不要购买此类产品。

银行理财产品无论长期还是短期，都是使用年化收益率计算，很多理财产品计息方式上都约定，在募集期和投资到期日至兑付日之间的期间不计算利息，或只支付活期存款利息，如果考虑到这两个时间段，对于短期理财产品而言，实际收益率可能就会降低。另外，对于很多理财产品，在产品说明中都设定了投资者无提前终止权的约定，也就是对于提前赎回的投资者，不仅有可能无法获得预期收益率，还要缴纳违约金，甚至有可能损失本金。面对众多的银行理财产品，在投资前，投资者最好是充分了解各类理财产品的特征和风险收益情况，并慎重选择到一款最适合自己的理财产品。

8. 买国债的热度始终未减

要说众多的投资工具中最安全，让人觉得风险最低的，恐怕非国债莫属了。国债是目前唯一无风险的资产。国债以国家作为经济担保，风险极低，收益固定且在较高的水平上面，同时还可以规避个人所得税负担。因为国债有这些诸多的好处，国债又被称作金边债券。新中国成立后，为安定民生，尽快恢复和发展经济，国家于 1950 年发行了第一期国债“人民胜利折实公债”，由于当时物价不稳定，故公债还本付息水平均以实物作为计算参考标准。而后，为加速经济建设，提高人民物质和文化生活水平，又于 1954—1958 年间每年发行了一期“国家经济建设公债”，且主要是针对国有企业和事业单位发行，是不流通的。1959—1980 年，我国国债发行基本处于空白期阶段。

由于 1979 年和 1980 年连续两年出现了大规模的财政赤字，1981 年开始被迫恢复国债发行，除面向地方财政和国营单位外，个人也开始进入发行对象范围。1981—1987 年间，国债年均发行规模仅为59.5亿元，且发行日也集中在每年的1月1日。由于这一期间尚不存在国债的发行与流通市场，国债发行主要采取行政摊派方式，且多为5~9年的中长期国债品种。1988年，我国尝试通过商业银行和邮政储蓄的柜台销售方式发行无记名国债并使用了实物券的方式，开始出现了国债一级市场；同一年，国债二级市场也初步形成，发行方式逐步由柜台销售、承购包销过渡到公开招标。1990年12月上海证券交易所成立，记账式国债开始在交易所内交易。1995年8月，国家停止一切场外交易市场，证券交易所成为我国唯一合法的国债交易市场。1994年，我国通过邮政储蓄发行了第一张凭证式国债。1997年，中国人民银行建立全国银行间债券市场，并将商业银行全部退出上海和深圳交易所的债券市场，同时保险公司、基金等机构投资者陆续进入银行间市场进行国债交易。我国从1981—1997年共发行了21个品种的无记名国债，至2000年已全部到期，我国国债市场不断创新，交易品种也越来越丰富。

目前，我国财政部公开发行的国债主要有凭证式国债、电子式国债和记账式国债3种。3种国债在发行方式、流通转让及还本付息方面，存在着一定的差别。目前凭证式国债不印制实物券面，而是采用商业银行普通定期储蓄存单并标注国债信息的方式，通过商业银行网点的储蓄柜台，面向个人和机构投资者发行。凭证式国债由财政部组织商业银行等承销机构分多期发行，发行期一般为每年3~11月，期限一般为3年期或5

年期，发行利率由财政部确定，一般会高于同期限定期存款税后收益率。在每期国债发行前，财政部都会通过公告形式向全社会发布发行信息，各家承销银行也会及时通过网站等渠道向投资者公示。投资者购买凭证式国债可在发行期间内到各银行网点购买，由发行的银行网点填制国债收款凭证，办理手续和银行定期存款办理手续类似，购买和兑取方便，手续简便。与无记名债券相比，凭证式国债可以记名、挂失，持有的安全性好，利率高于同期银行储蓄存款利率。凭证式国债以百元为起点整数发售，按面值购买，在持有期间不能上市交易，但可到原销售网点提前兑取现金，并按持有期限长短、取相应档次利率计息，各档次利率均接近银行同期存款利率，相对于定期储蓄存款提前支取只能活期计息较为优惠，并可像定期存款一样办理质押贷款和开具存款证明。可以说，凭证式国债是一种既安全、又灵活、收益适中的投资方式。目前凭证式国债都是采取到期一次性还本付息的方式。需要注意的是，凭证式国债利息计算到兑付期的最后一日，逾期部分是不计利息的，因此，如果持有凭证式国债到期的话，为避免利息损失，还是应该尽快兑现。

电子式储蓄国债是财政部为丰富国债品种，提高国债发行效率，方便国债投资者，在借鉴凭证式国债方便、灵活等优点的基础上，面向境内中国公民储蓄类资金发行的、以电子方式记录债权的一种不可流通人民币债券。电子式国债与凭证式国债一样采用实名制，计息采用固定利率，免交利息税，投资风险比较低。与凭证式国债不同的是，电子式国债的认购对象仅限境内的中国公民，不向机构投资者发行，同时设立了单个账户单期购买上限；电子式国债采用电子方式记录债权，有专门的计算机系统用于记录和管理投资者的债权，免去了投资者保管纸制债权凭证的麻烦，可以通过电话和网络查询债权，非常方便。电子式国债品种中除传统的固定利率固定期限电子国债（与凭证式国债类似，国债的期限和票面利率是唯一的并且在发行时已经确定）外，还有一个创新型品种，即固定利率变动期限电子国债，投资者可以选择持有到期，还可以选择在持满一定年限后申请终止债权债务关系，终止投资按照事先约定的利率（低于票面利率）计息。由于选择权的存在，该类国债的期限实际上是变动的，但无论投资者选择持有到期还是终止投资，计息利率都是事先确定的，不随整体市场利率的变化而变化。

与凭证式国债可以在银行柜台直接购买的方式不同，购买电子式国债的投资者必须持有效身份证件在承办银行开立个人国债托管账户（简称国债账户），这类账户一旦开立可以终身使用。拥有国债账户的投资者可以在国债发行期内到账户所在的承办银行任意一家网点购买电子式国债，也可以在家通过网络银行购买。到期后，无需投资者去银行办理兑付手续就可以将资金自动转入投资者资金账户，并设计了按年支付利息的品种，比较方便灵活。对于提前兑付的投资者，电子式国债有个最低持有期要求，即在持满最低期限后方可办理提前兑取。需提前兑取的投资者，应持本人有效身份证件、国债账户和开户所使用的存折（或借记卡）到原承办银行的联网网点办理相关手续，并按兑取本金的1‰向承办银行缴纳手续费。付息日和到期日前15个工作日开始停止办理提前兑取业务，付息日后恢复办理。提前兑取的有关条件将在各期国债的发行公告中公布，也可以参照各行在办理国债认购业务时的回单。

记账式国债是由财政部通过无纸化方式发行的、以电脑记账方式记录债权，并可以上市交易的债券。与前面介绍的凭证式和电子式两种储蓄国债不同的是，记账式国债既可以在银行柜台（网上银行）交易，也可以在证券交易所交易。记账式国债柜台交易方式就是商业银行通过营业网点，按照其公开报价与投资人进行国债买卖，并办理托管与结算的行为。在银行办理记账式国债申购和交易，投资者首先需要持身份证和个人结算账户（银行卡）在承办的商业银行开立债券托管账户，通过填写债券买入或卖出申请书在柜台进行交易，目前多家银行已经开通了网银交易，即投资者亦可通过网络银行平台进行交易。采用记账式国债柜台交易方式，能够实现券款实时交割，便于投资者当天进行同一债券的多次买卖交易；同时，投资者卖出债券所得资金，当日均可进行转账或提现。商业银行记账式国债买卖报价实行一日多价，即银行根据自身对经济和市场利率走势的判断，自主决定每日记账式债券买卖报价，同时可能根据市场情况随时调整对外报价。

记账式国债还可通过证券交易所的交易系统发行和交易。

与投资股票类似，如果投资者在交易所进行记账式债券的买卖，就必须在证券交易所设立账户。已开立证券账户卡的客户则只需带本人身份证、证券账户卡（或国债账户卡、基金账户卡）和券商指定的银行存折到代理国债销售的证券营业部，填写预约认购单，开立保证金账户，转入认购资金，一般1000元为一手，然后办理认购手续。认购一般无需手续费。新国债成功认购后，将在指定日期在交易所挂牌上市。国债上市后，投资者便可通过证券营业部提供的电话委托系统或网上交易系统，查询到投资者账户内的国债认购数量，并可通过其进行委托买卖，或可通过其代理所认购债券的还本付息，十分方便。如果购买国债到期兑付的话，记账式国债有固定的年利率，证券公司自动将投资者应得本金和利息转入其保证金账户，同时转入账户的本息资金会按活期存款利率记付利息，免收利息税。提前赎回的话，投资者就要在交易所将该国债抛出，然后具体的资金出入也是体现在保证金账户上。记账式国债的买卖券商一般要收1‰左右的手续费。

记账式国债除拥有资金安全、免征利息税等国债普遍具备的优点外，从近几年的数据显示，交易所发行的记账式国债的收益率普遍高于同期发行的凭证式国债，投资者只要开立了国债投资专户，在交易日随时都可以办理国债的认购，也可以随时通过证券交易所或银行柜台进行买卖，认购方便，流动性好。据统计，目前已经上市交易的记账式国债多达30余种，期限最短3个月，长期则可高达二、三十年甚至更长。期限在

1年以内的国债采用到期一次还本付息的方式，称为贴现国债；期限在1年以上（含1年）的国债采用按半年或年付息的方式，称为付息国债。记账式国债的品种丰富，选择性强也是记账式国债显著的投资优势所在。

国债投资虽然具备长期性、低风险、免税和利率较高等诸多优势，但投资国债也要熟悉规则、掌握技巧。由于很多中老年人对投资理财都厌恶风险，资金安全放在第一位考虑，国债自然成为他们投资理财的首选。以2017年储蓄凭证式国债为例，3年期年利率3.8%，5年期年利率4.17%，如果投资者购买10万元3年期国债，总利息是19000元；购买10万元5年期国债，总利息是20850元。比较来看，2017年凭证式国债3年、5年期利率与3月份发售的国债利率相同，但都低于2016年的发售水平。2016年5月发行的凭证式国债3年期、5年期利率分别为3.9%和4.32%。若以购买10万元5年期凭证式国债为例，投资者每年可获得利息4320元，此次购买的投资者每年只能获得利息4170元，相差150元。5年累计下来，就相差了750元。

需要说明的是，投资凭证式国债和电子式国债应注意国债的流动性。凭证式国债不能转让、更名，但可以质押和提前支取，提前支取要收取手续费。以2015年第一期凭证式国债为例，这期国债为记名国债，以填制凭证式国债收款凭证的方式按面值发行，可以挂失、做质押贷款，但不能更名或流通转让，如果提前兑取在利息收入上会有一部分损失，并要缴纳千分之一的手续费。由于凭证式国债和电子式国债非常畅销，经常在国债发行的当天会出现银行门口排长队的现象，于是不少人购买国债的时候就选择长期的，也就是买 5 年期的。然而，如果处于利率上升周期时，当市场利率一旦上升，新发行的国债利率肯定也会水涨船高。比如 2013 年发行的第一期储蓄国债（电子式）3 年期国债，票面年利率为 5%，比 2012 年第十三期同档次 3 年期国债利率高出了 0.24 个百分点，如果买入 10000 元的话，前者到期将多得利息收入 72 元。面对更高利率的新国债，有不少投资者会产生“以旧换新”的想法，即将手里的债券提前兑付，转而买入利率较高的新一期国债。到底这样做是否真的合算呢？这就需要比较两者的收益率后作出判断。按照现行的规定，3 年期国债，持有不满 6 个月提前兑取将不计付利息；满 6 个月不满 24 个月，将按发行利率计息并扣除 180 天利息；满 24 个月不满 36 个月，将按发行利率计息并扣除 90 天利息。5 年期国债若持有满 36 个月不满 60 个月，将按发行利率计息并扣除 60 天利息，提前支取手续费千分之一。如果经过测算，扣除了这些因素后，如果划得来的话，可以提前支取转买新一期利率更高的国债。像 2013 年 4 月 10 日，财政部发行 2013 年第一期储蓄国债（电子式）时，恰逢央行上调金融机构人民币存贷款基准利率，因此财政部将新发行的 3 年、5 年期国债利率分别调整到 5% 和 5.46%，高于 2012 年 11 月 10 日发行的同档次国债的利率 4.76% 和 5.32%。从票面利率看，以旧换新可以提高收益率，而实际上并非如此。我们以 1 万元投资为例来做个计算：如果购买的是 2012 年 11 月 10 日发行的第十三期国债，那么到期收益应该为 10000×4.76%×3=1428（元）。假如到 2013 年 4 月 10 日时提前兑付，持有时间为 150 天，按照持有时间不满半年不计付利息，提前兑付要缴纳 1‰的手续费的规定，损失利息为 10000×4.76%×150÷365=195.61（元），另付 10000×1‰=10（元）的手续费，共损失 205.61 元。将 1 万元换购成新的第四期国债，到期收益为 10000×5%×3=1500（元），比上一期收益仅多了 1500－1428=72（元），减去 205.61 元损失，结果显然是亏损的，所以以旧换新是不划算的。但是如果投资者当时买的是 2012 年第一期国债，因为已经超过 6 个月，可以付一部分利息，按同样的方法计算的话，以旧换新还有一定的收益，可以这么做。因此，投资者要根据自己的实际情况，在计算收益率的前提下做出正确的决策。

记账式国债虽然没有像凭证式和电子式国债那样受追捧，但其确实是一种较好的投资理财产品，记账式国债收益可分为固定收益和做市价差收益（亏损），固定利率是经投标确定的加权平均中标利率，一般会高于银行存款利率，其风险主要来自债券的价格。如果进入降息周期，债券的价格就会看涨，持有债券的收益率就会比较高。相反，如果进入加息周期，债券的价格就会看跌，债券的全价（债券净价加应计息）可能会低于银行存款利率甚至亏损。

由于债券价格与市场利率成反比，利率降低，债券价格上升；利率上升，则债券价格下跌。因此，投资者在投资记账式国债的时候可以根据利率的变化和预期做出判断，若预计利率将上升，可卖出手中债券，待利率上升导致债券价格下跌时再买入债券，这时的债券实际收益率会高于票面利率。

利率、时间和买进价格是记账式国债投资的三要素，交易所上市的新旧国债有几十只，价格、利率、年期各不相同，如何投资才能获益更多？这就需要在熟练交易过程的基础上运用收益率曲线、国债指数等分析工具选择正确的买入、卖出时间，以取得最大的收益。

和制定股票走势曲线一样，为了真实地反映国债市场的投资价值，便于投资人正确选择投资品种，作为主要的投资分析工具之一，国债的收益率被引入市场，它是在直角坐标系中，以国债剩余期限为横坐标、国债收益率为纵坐标，将剩余期限和收益率变化的交点连接而绘成的曲线，它较精确地描述了在不同时间段，国债收益率与剩余期限之间的关系变化及未来趋势。分为以下几种情况：当国债收益率曲线为正向时，也就是通常情况下，期限越长，收益率越高，市场表现为长期利率高于短期利率，投资长期债券收益率好于投资短期债券；当国债收益率曲线为反向时，期限越长则收益率越低，市场表现为长期债券收益率走低，短期债券由于流动性好，利率风险小于长期债券，因此抗跌性好于长期债券；如果收益率曲线呈波动状态，投资者可选择波段操作。表 6 为 2017 年 4 月 18 日前国债收益信息一览表。

表6　截至2017年4月18日国债收益基本信息一览表

代码	简称	全价（元）	年利率（%）	期限（年）	剩余期限（年）	净价（元）	应计天数（天）	应计利息（元）	付息方式	到期收益率（%）
101917	国债1917	104.05	4.26	20	4.29	101	261	3.05	年付	4.00
101617	国债1617	100.96	2.74	10	9.3	100	257	0.96	半年付	2.74
101614	国债1614	102.67	2.95	7	6.17	100.2	306	2.47	年付	2.91
101613	国债1613	97.22	3.7	50	49.13	95.55	330	1.67	半年付	3.90
101612	国债1612	102	2.51	2	1.09	99.7	334	2.3	年付	2.79
101611	国债1611	102.18	2.3	1	0.05	99.88	344	2.3	固定单利	2.38
101608	国债1608	102.45	3.52	30	29.04	99	358	3.45	年付	3.58
101606	国债1606	100.52	2.75	7	5.92	100.28	32	0.24	年付	2.70
101603	国债1603	99.84	2.55	3	1.78	99.28	80	0.56	年付	2.97
101602	国债1602	100.46	2.53	5	3.75	99.81	94	0.65	年付	2.58
101528	国债1528	116.23	3.89	50	48.64	115.45	146	0.78	半年付	3.26
101522	国债1522	103.65	2.92	3	1.44	102	206	1.65	年付	1.50
101516	国债1516	99.89	3.51	10	8.25	98.56	276	1.33	半年付	3.72
101513	国债1513	101.89	2.44	2	0.19	99.9	297	1.99	年付	2.88
101512	国债1512	102.33	2.73	3	1.15	100	311	2.33	年付	2.73
101511	国债1511	104.56	3.1	5	3.12	101.8	325	2.76	年付	2.49
101510	国债1510	109.09	3.99	50	48.14	107.3	328	1.79	半年付	3.67
101507	国债1507	104.44	3.54	7	5	104.42	2	0.02	年付	2.59
101505	国债1505	98.36	3.64	10	7.98	98.32	9	0.04	半年付	3.89
101504	国债1504	102.6	3.22	3	0.94	102.4	23	0.2	年付	0.64

续表

代码	简称	全价（元）	年利率（%）	期限（年）	剩余期限（年）	净价（元）	应计天数（天）	应计利息（元）	付息方式	到期收益率（%）
101502	国债1502	103.99	3.36	7	4.77	103.2	86	0.79	年付	2.63
101425	国债1425	119.24	4.3	30	27.55	118.22	173	1.02	半年付	3.29
101413	国债1413	104.87	4.02	7	4.21	101.69	289	3.18	年付	3.58
101412	国债1412	101.16	4	10	7.18	99.5	303	1.66	半年付	4.08
101403	国债1403	102.66	4.44	7	3.75	101.54	92	1.12	年付	3.98
101320	国债1320	102.54	4.07	7	3.5	100.5	183	2.04	年付	3.91
101315	国债1315	101.67	3.46	7	3.24	99.01	281	2.66	年付	3.79
101313	国债1313	103.45	3.09	5	1.12	100.72	323	2.73	年付	2.42
101311	国债1311	103.64	3.38	10	6.1	102.11	330	1.53	半年付	3.00
101308	国债1308	103.32	3.29	7	3.01	100.03	365	3.29	年付	3.28
101303	国债1303	100.8	3.42	7	2.77	100.01	84	0.79	年付	3.41
101301	国债1301	103.85	3.15	5	0.73	103	98	0.85	年付	-0.91
101215	国债1215	94.5	3.39	10	5.35	93.99	54	0.51	半年付	4.67
101204	国债1204	101.62	3.51	10	4.86	101.1	54	0.52	半年付	3.26
101106	国债1106	102.77	3.75	7	0.88	102.3	46	0.47	年付	1.08
101103	国债1103	103.21	3.83	7	0.78	102.36	81	0.85	年付	0.77
101038	国债1038	103.61	3.83	7	0.61	102.1	144	1.51	年付	0.35
101032	国债1032	102.18	3.1	7	0.49	100.6	186	1.58	年付	1.83
101027	国债1027	102.36	2.81	7	0.34	100.5	242	1.86	年付	1.29
101014	国债1014	102.51	4.03	50	43.13	100.9	145	1.61	半年付	3.99

续表

代码	简称	全价（元）	年利率（%）	期限（年）	剩余期限（年）	净价（元）	应计天数（天）	应计利息（元）	付息方式	到期收益率（%）
101007	国债 1007	101.31	3.36	10	2.94	101.09	24	0.22	半年付	2.97
101002	国债 1002	103.37	3.43	10	2.8	102.68	73	0.69	半年付	2.43
100916	国债 0916	100.85	3.48	10	2.27	100.03	85	0.82	半年付	3.46
100907	国债 0907	100.33	3.02	10	2.05	98.98	162	1.35	半年付	3.54
100803	国债 0803	103.82	4.07	10	0.92	103.5	29	0.32	年付	0.26
100303	国债 0303	101.22	3.4	20	6	99.51	183	1.71	半年付	3.49
100213	国债 0213	100.11	2.6	15	0.43	99.91	29	0.2	半年付	2.77

资料来源：银行信息港。

国债指数也是一个重要的投资参考，它是采用市值加权平均的方法计算出来的，反映国债市场整体变动状况和价格总体走势的指标体系。普通投资者既可以通过对国债指数走势图的技术分析，预测未来债券市场整体运行方向和价格变化趋势，又可以将国债指数当作尺子，用它来衡量自己的投资收益水平。从历史数据看，国债指数的走势和 GDP 的走势趋于一致，所以投资国债时还应该关注国家经济发展和宏观调控政策。

9. 封闭式基金与开放式基金产品

自1997年首批封闭式基金成功发行至今，基金产品一直备受国内个人投资者的推崇，许多投资者们十分看好基金的收益稳定、风险较小等优势和特点，希望能够通过基金的投资获得理想的收益。随着2015年牛市的来临，A股的赚钱效应也带动了公募基金的行情，公募基金规模再次扩张。Wind资讯统计数据显示，截至2015年3月31日，各类基金合计达到2019支，合计份额为43736.31亿份，资产规模上升近5000亿元。不过这里所谈到的基金，指的是证券投资基金，即通过公开发售基金份额募集资金，由基金托管人托管，由基金管理人管理和运作资金，为基金份额持有人的利益，以资产组合方式进行证券投资的一种利益共享、风险共担的集合投资方式。基金产品作为一种现代化的投资工具，主要具有以下三个特征：

一是集合投资。它将零散的资金巧妙地汇集起来，交给专业机构投资于各种金融工具，以谋取资产的增值。基金对投资的最低限额要求不高，投资者可以根据自己的经济能力决定购买数量，完全按份额的大小计算收益。因此，基金可以最广泛地吸收社会闲散资金，集腋成裘，汇成规模巨大的投资资金。在参与证券投资时，资本越雄厚，优势越明显，而且可能享有大额投资在降低成本上的相对优势，从而获得规模效益的好处。

二是分散风险。在投资活动中，风险和收益总是并存的，因此，“不能将所有的鸡蛋都放在一个篮子里”，这是证券投资的箴言。但对于个人投资者，往往由于资金不足，能选择的股票数量有限，因此个人投资者一般难以做到分散投资，承担的风险相对较大。而基金则可以帮助中小投资者解决这个困难。投资者购买基金就相当于用很少的资金购买了一揽子股票，某些股票下跌造成的损失可以用其他股票上涨的盈利来弥补。因此可以充分享受到组合投资，分散风险的好处。

三是专家理财。个人投资者由于无法及时全面的了解证券市场和上市公司的相关有效信息，缺乏必要的证券分析能力及投资技巧，往往出现投资亏损。证券投资基金实行专家管理制度，拥有大量的专业投资研究人员和强大的信息网络，他们善于利用基金与金融市场的密切联系，运用先进的技术手段分析各种信息资料，能对金融市场上各种品种的价格变动趋势作出比较正确的预测，最大限度地避免投资决策的失误，提高投资成功率。对于那些没有时间，或者对市场不太熟悉，没有能力专门研究投资决策的中小投资者来说，投资于基金，实际上就可以获得专家们在市场信息、投资经验、金融知识和操作技术等方面所拥有的优势，从而尽可能地避免盲目投资带来的失败。

证券投资基金按照不同的分类方式有不同的类型。我们常说开放式基金和封闭式基金就是按照基金运作的不同方式进行划分的。开放式基金是指基金发起人在设立基金时，基金单位或者股份总规模不固定，可根据投资者的需求，随时向投资者出售基金单位或者股份，并可以应投资者的要求赎回发行在外的基金单位或者股份的一种基金运作方式。投资者既可以通过基金销售机构买基金使基金资产和规模由此相应的增加，也可以将所持有的基金份额卖给基金并收回现金使基金资产和规模相应减少。封闭式基金是指基金的发起人在设立基金时，限定了基金单位的发行总额，筹足总额后，基金即宣告成立，并进行封闭，在一定时期内不再接受新的投资。基金单位的流通采取在证券交易所上市的办法，投资者日后买卖基金单位，都必须通过证券经纪商在二级市场上进行竞价交易，但基金份额持有人不得申请赎回。期满后，投资者可按持有的份额分得相应的剩余资产。封闭式基金的存续期限在中国不能少于 5 年，一般的封闭式基金的期限是 15 年。

我国早期出现的基金多为封闭式基金，1998 年 3 月 27 日，南方基金管理公司和国泰基金管理公司分别发起设立了规模均为 20 亿元的两支封闭式基金“基金开元”和“基金金泰”，由此拉开了中国证券投资基金的序幕。之后，在沪深两市上市交易的封闭式基金最多达到54支，随着基金的陆续到期，截至2015年，我国在沪深两市交易的传统的封闭式基金封还剩6支，并将于2017年全部到期。闭式基金到期之后，有三种处理方式：一种是清盘，即按基金净值扣除一定费用后退还给投资者，但到期清算意味着缩减了投资者的利润空间，同时也会减少基金管理公司和相关部门的收入，因此这种方式是各方都不愿意触动的选择方式；第二种是展期，即延长到期期限，这种方式会加大投资者的风险，对证券市场未来走势也不利，因此，这种方式很少应用；第三种是我们常说的“封转开”，即封闭式基金到期后转为开放式基金。

与封闭式基金相比，开放式基金在基金规模、交易场所、价格决定方式、交易费用、投资策略等方面存在差异。

从基金规模上看，封闭式基金有固定的封闭期（我国不低于5年），在封闭期内，已经发行的基金份额不能被赎回，无特殊情况一般不允许扩募，也就是说基金的规模在封闭期内是固定不变的。开放式基金没有固定的存续期，它所发行的基金份额是可赎回的，而且投资者在基金的存续期间内也可随意申购基金份额，它始终处于“开放”的状态。这是封闭式基金与开放式基金的根本差别。

从交易场所上看，封闭式基金发起设立时，投资者可以向基金管理公司或销售机构认购，一旦募集成功，基金的投资者在期限内不可能直接赎回基金，但可以在沪、深证券交易所进行买卖；而开放式基金则是通过基金管理公司或银行等代销机构网点提出购买或赎回申请，部分基金，如指数型基金 ETF 还可以通过交易所交易。

从价格决定方式上看，封闭式基金因在交易所上市，其买卖价格受市场供求关系影响较大。当市场供小于求时，基金单位买卖价格可能高于每份基金单位资产净值，这时投资者拥有的基金资产就会增加；当市场供大于求时，基金价格则可能低于每份基金单位资产净值。而开放式基金的买卖价格是以基金单位的资产净值为基础计算的，可直接反映基金单位资产净值的高低。

从交易费用上看，投资者在买卖封闭式基金时与买卖上市股票一样，也要在价格之外付出一定比例的证券交易税和手续费，交易手续费一般为成交额的 0.25%～0.3%；而开放式基金的投资者需缴纳的相关费用（如首次认购费、赎回费）则包含于基金价格之中。一般而言，买卖封闭式基金的费用要高于开放式基金。

从信息披露上看，由于封闭式基金单位资产净值每周至少公告一次，而开放式基金单位资产净值于每个开放日进行公告。

从投资策略上看，由于封闭式基金不可赎回，基金管理人能够充分运用资金，进行长期投资，取得长期经营绩效。而开放式基金随时面临赎回压力，须更注重流动性风险管理，必须保留一部分基金以便应付投资者随时赎回，进行长期投资会受到一定限制，要求基金管理人具有更高的投资管理水平。从另一方面来看，开放式基金因为规模不固定，只有将基金业绩做到足够好，才能吸引投资者申购从而保持较大的规模，因而人们通常认为，开放式基金更有动力追求高的业绩。

2001 年 9 月，国内第一支开放式基金“华安创新”开始出售，由于开放式基金具有市场选择性强、流动性强、透明度高、便于投资、费用低等优势，逐渐取代封闭式基金并国内基金市场的发展主力。

从投资的角度看，封闭式基金是比较好的中长期投资产品，获利主要来自买卖差价收入和基金分红收入。从长期投资的角度来看，在股市向好的情况下，封闭式基金的单位净值会不断增长，交易价格也会随之增长。投资于封闭式基金，需要重点考察的是基金的内部收益率水平、未来分红派现能力、历史净值增长水平及稳定性、市场表现及换手率、持有人的结构和基金管理公司的综合水平等。除了投资目标和管理水平外，折价率是评估封闭式基金的一个重要因素。当封闭式基金在二级市场上的交易价格低于实际净值时，这种情况称为“折价”。折价率是指封闭式基金的基金份额净值和单位市价之差与基金份额净值的比率。对投资者来说，高折价率存在一定的投资机会。由于封闭式基金运行到期后是要按净值偿付的或清算的，所以折价率越高的封闭式基金，潜在的投资价值就越大详见表 7。

假设投资者现在同时购买净值为 1 元的开放式基金和净值为 1 元、折价率为 15% 的封闭式基金，由于开放式基金是按

表 7　　　截至 2017 年 5 月 26 日国内主要封闭式基金净值折价率一览表

序号	基金代码	基金简称	单位净值（元）	累计净值（元）	增长值（元）	增长率（%）	市价（元）	折价率（%）	到期日期
01	500058	基金银丰	0.9850	3.6630	-0.0230	-2.28	0.9310	5.48	2017 年 8 月 14 日
02	184722	基金久嘉	0.9462	3.9732	-0.0348	-3.55	0.9010	4.78	2017 年 7 月 04 日

资料来源：天天基金网。

净值进行申购和赎回，所以投资者的成本为 1 元，而对于封闭式基金来说，投资者的成本仅为 0.85 元，投资者将两支基金持有到期，封闭式基金转为开放式基金，两支基金均按净值赎回，假设净值没有任何增长，开放式基金依旧按 1 元赎回，投资者的收益为 0 元，而封闭式基金也按 1 元赎回，投资者的收益为 $(1-0.85)\div 0.85=18\%$，这就是封闭式基金的到期套利收益。但是对于封闭式基金来说，它的净值是每周公布一次，信息透明度不如开放式基金，同时，对于那些到期时间还很长的大盘封闭式基金来说，可能面临进一步的折价风险（见表 8）。

目前，开放式基金的种类有很多，如果投资者选择开放式基金，那么对基金的选择就至关重要了。无论选择哪类开放式基金，净值的持续增长才是提高投资者收益的基本动力。因而基金净值能否持续增长是投资开放式基金首要考虑的因素。其次是要选择与自身投资偏好匹配的基金类型，净值增长较快的

表 8　　截至 2017 年 6 月 1 日国内开放式基金排行

序号	基金代码	基金简称	单位净值(元)	累计净值(元)	日增长值(元)	日增长率(%)	申购状态	手续费(%)
01	001657	长安鑫富领先混合	1.1210	1.1210	0.0140	1.26	限大额	0.15
02	002072	长安鑫利优选混合 C	1.2860	1.2860	0.0154	1.21	限大额	0.00
03	001281	长安鑫利优选混合 A	1.2884	1.2884	0.0154	1.21	限大额	0.15
04	519665	银河美丽混合 C	1.6750	1.6750	0.0180	1.09	开　放	0.00
05	519664	银河美丽混合 A	1.7200	1.7200	0.0180	1.06	开　放	0.15
06	000746	招商行业精选股票	1.3290	1.3290	0.0130	0.99	开　放	0.15
07	001543	宝盈新锐混合	1.0730	1.0730	0.0100	0.94	开　放	0.15
08	167301	方正富邦保险主题指数分级	1.0960	1.1310	0.0100	0.92	开　放	0.08
09	000835	华润元大富时中国 A50 指	1.4300	1.4300	0.0120	0.85	开　放	0.12
10	003890	汇安丰泽混合 C	1.1776	1.1776	0.0093	0.80	开　放	0.00
11	003889	汇安丰泽混合 A	1.1784	1.1784	0.0093	0.80	开　放	0.00
12	519690	交银稳健配置混合 A	1.2709	3.4539	0.0099	0.79	开　放	0.15
13	540012	汇丰晋信恒生龙头指数 A	1.6381	1.6381	0.0126	0.78	开　放	0.12
14	001149	汇丰晋信恒生龙头指数 C	1.6327	1.6327	0.0125	0.77	开　放	0.00
15	001852	融通中国风 1 号灵活配置混	1.0560	1.0860	0.0080	0.76	开　放	0.15
16	502020	国金上证 50 分级	1.2690	0.8198	0.0090	0.71	开　放	0.10
17	310368	申万菱信竞争优势混合	1.4886	1.9586	0.0102	0.69	限大额	0.15
18	519139	海富通沪港深灵活配置混合	1.0658	1.0658	0.0073	0.69	开　放	0.15
19	001237	博时上证 50ETF 联接	0.8405	0.8405	0.0056	0.67	开　放	0.12
20	399001	中海上证 50	1.0510	1.0510	0.0070	0.67	开　放	0.12

资料来源：天天基金网。

基金，往往伴随着投资风险的放大。投资者需要进行相应的风险测试和评估来选择适合自己的基金。一般来讲，中青年人的抗风险能力较强，可以适当配置股票型基金，而老年人则随着年龄增长及收入的减退，可以选择低风险的债券型基金，以求基金投资收益的稳定性。对于有实际现金需求，且对资金的流动性要求较高的投资者，可以选择货币市场基金。当然，投资者在选择基金产品时还要考虑跟自己的投资目标契合程度。对于投资者来讲，制定不同的短、中、长期投资目标是非常重要的。制定短期目标的投资者，可以考虑货币型基金；有中长期目标的投资者，可以选择指数型基金或者股票型基金，来分享经济增长带来的资本增值的机会。另外，基金产品的投资成本和费用、基金管理人的资质和运作实力等也是选择开放式基金的重要参考因素。

10.
股票型基金

有权威数据显示，在股票型基金、债券型基金、货币市场基金和混合型基金四类基金产品中，股票型基金表现突出。目前，股票型基金要求股票型基金的股票仓位不能低于80%的比例。Wind资讯数据显示，2017年第一季度，近200支主动管理的普通股票型基金平均净值增长4.12%，跑赢了上证综指。其中，嘉实沪港深精选基金以16.91%的收益成为普通股基的状元。从目前市场已兑现的收益率看，4种基金的收益率座次从高到低依次为股票型基金、混合型基金、债券型基金、货币市场基金。从风险方面看，股票型基金远高于其他3种基金。

股票型基金按照股票种类的不同分为优先股基金和普通股基金。优先股基金是一种可以获得稳定收益、风险较小的股票型基金，其投资对象以各公司发行的优先股为主，收益主要来自于股利收入。而普通股基金以追求资本利得和长期资本增值为投资目标，风险要比优先股基金高。按基金投资分散化程度不同，股票型基金可分为普通股基金和专门化基金，前者是指将基金资产分散投资于各类普通股票上，后者是指将基金资产投资于某些特殊行业股票上，风险较大，但可能具有较好的潜在收益。按基金投资的目的不同，股票型基金可以分为价值型、成长型和平衡型。价值型基金一般投资于具有稳定发展前景的公司所发行的股票，追求稳定的股利分配和资本利得，这类基金风险小，收入也不高，适合想分享股票基金收益，但更倾向于承担较小风险的投资者。价值型基金多投资于公用事业、金融、工业原材料等较稳定的行业，而较少投资于市盈率倍数较高的股票，如网络科技、生物制药类的公司。

就目前来看，成长型基金致力于通过挖掘具有良好成长性和投资价值的上市公司，从而给投资者带来高额回报。因此，成长型股票基金投资于具有成长潜力并能带来收入的普通股票上，具有一定的风险，适合愿意承担较大风险的投资者。这一类基金风险最高，赚取高收益的成长空间相对也较大。成长型基金在选择股票的时候多投资产业处于成长期的公司，在具体选股时，更青睐投资具有成长潜力如网络科技、生物制药和新能源材料类上市公司。2014 年以来市场整体呈现结构性行情，成长股表现最为突出。受此影响，成长风格基金业绩突出，主要布局于新兴产业的基金领衔上半年业绩排行榜。平衡型基金则是处于价值型和成长型之间的基金，在投资策略上这类基金主要投资于债券、优先股和部分普通股，这些有价证券在投资组合中有比较稳定的组合比例，在普通股选择上，一部分投资于股价被低估的股票，一部分投资于处于成长型行业上市公司的股票。在三类基金中，平衡型基金的风险和收益状况介于成长型基金和收入型基金之间，适合大多数投资者。表 9 为工银核心价值股票基金与博时新兴成长股票基金产品对比。

表 9　工银核心价值产品与博时新兴成长基金产品对比表

基金名称	工银核心价值股票（481001）	博时新兴成长股票（050009）
投资风格	价值型	成长型
成立日期	2015 年 8 月 31 日	2007 年 7 月 6 日
累计净值	0.4924	0.9410
重仓股	启明星辰；宋城演艺；烽火通信；信威集团；上海电力；千方科技；中国太保；万科 A 股；浦发银行；中航资本	恒生电子；上海家化；万达信息；恒瑞医药；四创电子；杰赛科技；同仁堂；康美药业；卫士通；利达光电
投资方向	限于具有良好流动性金融工具，包括国内依法发行上市股票、国债、金融债、企业债、回购、央行票据、可转换债券及证监会批准基金投资其他金融工具	具有良好流动性的金融工具，包括国内依法公开发行上市的股票和债券，以及法律、法规或中国证监会允许基金投资的其他金融工具
投资理念	股票价格终将反映其价值。基金投资于经营稳健、具有核心竞争优势、价值被低估的大中型上市公司，实现基金资产长期稳定增值的目标	在合理估值的前提下，高速成长是获取超额收益的根本保障

与投资者直接投资于股票市场相比，股票型基金具有分散风险、费用较低等特点。对一般投资者而言，个人资本毕竟是有限的，难以通过分散投资种类而降低投资风险。但若投资于股票基金，投资者不仅可以分享各类股票的收益，而且也可以通过投资于股票基金而将风险分散于各类股票上，大大降低了投资风险，因而收益较为稳定。此外，投资者投资了股票基金，还可以享受基金大额投资在成本上的相对优势，降低投资成本，提高投资效益，获得规模效益的好处。不仅如此，封闭式股票基金上市后，投资者还可以通过在交易所交易获得买卖差价，期满后，投资者享有分配剩余资产的权利。此外，股票型基金还具有投资对象多样、流动性强等特点。

在股票型基金的选择上，同选择开放式基金策略一样，投资者首先要关注基金的投资取向是否适合自己风险和收益偏好，其次看基金公司的品牌，目前国内多家评级机构会按月公布基金评级结果，可以作为投资时的参考。再次，在股票大盘整体看好的情况下，尽量选择选择投资风格与大盘主流热点一致的基金。另外，面对国内市场上众多的股票型基金，投资者可优先配置一定比例的指数基金、适当配置一些规模较小、具备下一波增长潜力和分红潜力的股票型基金。

由于股票型基金的主要投资对象是在证券市场上流通的股票，因此，股票型基金的表现与股票整体走势密切相关，在牛市中，股票型基金往往表现不俗，但当股票市场处于低迷情况时，股票型基金也会面临净值大幅缩水的情况。由于价格波动较大，股票型基金属于高风险投资，除市场风险外，股票型基金还存在着集中风险、流动性风险、操作风险等，比如在股票交易活跃期，有的投资者把基金当作股票操作，频繁地交易，由于基金的交易费用比股票多，有可能存在只赚指数不赚钱的情况，这些也是投资者在进行投资时必须关注的。以2006年为例，开放式基金中的股票型、混合进取型、混合灵活型和混合平衡型基金全年累计分别上涨130.54%、124.74%、111.72%和95.15%，其中，股票和混合资产类型基金年度回报率在全球遥遥领先。经过2007年，我们知道了市场狂热的表现：什么时间买入都是对的；上市公司利润增速达到惊人的60%；股票发行上市规模和首日涨幅巨大，股票型基金销售规模连创新高，人们对于前景充满了乐观和自信。2008年，A股市场单边下跌，其中沪深300指数下跌65.9%，其间股票型基金的投资者收益大幅缩水。据2008年基金年报显示，当年基金业共亏损1.5万亿元，其中，股票型基金累计亏损9470亿元。

当股市出现了较大调整，股票型基金开始高台跳水，净值不断缩水的情况下，投资者应积极应对，采取有效的避险措施。可以将一部分收益现金化，落袋为安，这样可以减少随股市下跌带来的净值损失。提醒投资者注意，在行情不稳的时候，为了锁定收益，如果原来选择红利再投资的，不妨暂时改为现金红利，否则就实现不了避险的目的。

在股票型基金的选择上可以使用新老交替法。在股票明显升值期间，应该购买已经运作的老基金，因为老基金仓位重，可以快速分享牛市收益。当股市进入暂时盘整期，但是长期走牛的格局没有改变的情况下，如果有投资需求，并且看好未来股市的话，可以选择抛售老的基金锁定利润，同时购买新发行的基金。新基金一般有 1 个月的发行期，然后是至少 3 个月的封闭期（建仓时期），从发行到运作需要的时间，刚好可避过股市盘整，而正好在股价继续上扬的情况下开始运作。股票型基金赎回后 3 ~ 4 个工作日到账。表 10 为截至 2017 年 5 月 31 日股票型基金回报排行。

表 10 截至 2017 年 5 月 31 日股票型基金回报排行（部分）

基金名称	份额净值（元）	日净值增长率（%）	今年以来净值增长率（%）
嘉实沪港深精选股票	1.4030	1.23	21.68
上投摩根大盘蓝筹股票	1.5620	3.65	20.99
上投摩根核心成长股票	2.1490	2.63	20.06
国泰金鑫股票	1.6230	2.46	19.60
富国新兴产业股票	1.2290	1.57	16.71
鹏华养老产业股票	1.3490	2.04	16.39
广发沪港深新起点股票	1.1270	1.17	16.19
国泰互联网 + 股票	1.4530	3.12	15.41
汇丰晋信消费红利股票	1.0302	1.46	14.94
安信消费医药主题股票	1.2860	1.90	14.82

资料来源：中国财经报。

11.
债券型基金

债券型基金是以国债、金融债等固定收益类金融工具为主要投资对象的基金，因为其投资的产品收益比较稳定，又被称为“固定收益基金”。根据投资债券的比例不同，债券型基金又可分为纯债券型基金与偏债券型基金。两者的区别在于，纯债型基金不投资股票，而偏债型基金可以投资少量的股票。偏债型基金的优点在于可以根据股票市场走势灵活地进行资产配置，在控制风险的条件下分享股票市场带来的机会。

债券型基金具有独特的投资优势，最突出的特点就是风险较低，债券基金通过集中投资者的资金对不同的债券进行组合投资，能有效地降低单个投资者直接投资于某种债券可能面临的风险。投资者投资债券型基金，通过集合资金，专家理财，可以免于研究发债实体、判断利率走势等宏观经济指标的时间成本，同时分享专家经营的成果。一般债券是根据期限到期偿还的，如果投资于银行柜台交易的国债，一旦要用钱，债券卖出的手续费是比较高的。而通过债券基金间接投资于债券，则可以获得很高的流动性，随时可将持有的债券基金赎回，费用也比较低。投资者还可以通过投资债券型基金间接进入债券发行市场获取更多投资机会，间接进入银行间市场持有付息更高的金融债，间接进入回购市场，参与融资申购新股和无风险逆回购并获得利息收入；基金现金资产存放于托管银行，享受同业活期存款利率，远高于居民和企业 0.35% 的活期存款利率；享受各种税收优惠，申购、赎回时均不必交纳印花税，所得分红也可免交所得税等。

与投资股票型基金相比，债券型基金收益稳定，管理费用较低。投资于债券都有利息回报，到期还承诺还本付息，因此债券基金的收益较为稳定。债券投资管理不如股票投资管理复杂，因此一般来说，债券型基金不收取认购或申购的费用，赎回费率也较低。在股票市场低迷的时候，投资债券型基金一般被认为是良好的避险工具。债券基金主要追求当期较为固定的收入，相对于股票基金而言缺乏增值的潜力，投资风险比股票型基金小，但是收益也少。较适合于不愿过多冒险，谋求当期稳定收益的投资者。但投资债券型基金的长期收益会高于银行储蓄，通常作为抵御通货膨胀的工具。

需要投资者关注的是，债券型基金的收益时间长，只有在较长时间持有的情况下，才能获得相对满意的收益。在股市高涨的时候，债券型基金表现一般比较稳定，很难获得股市上涨带来的高收益。债券基金也有风险，尤其是在升息环境中。债券价格对利率的变化非常敏感，在理论上，债券的价格涨跌与市场利率成反方向变化，当市场利率下跌时，债券价格会上涨；反之，当市场利率上行时，债券价格会下跌。当债券市场出现波动的时候，投资债券型基金甚至有亏损的风险。我国多数债券基金持有不少可转债（指在特定条件下可以转换成发行方普通股股票的债券），有的还投资少量股票，股价、可转债价格的波动均会加大基金回报的不确定性。而要判断债券基金的资产净值对于利率变动的敏感程度如何，可以用久期作为指标来衡量。久期是考虑了债券现金流现值的因素后测算的债券实际到期日，久期越长，债券基金的资产净值对利息的变动越敏感。假若某支债券基金的久期是 5 年，那么如果利率下降 1 个百分点，则基金的资产净值约增加 5 个百分点；反之，如果利率上涨 1 个百分点，则基金的资产净值要遭受 5 个百分点的损失。但国内债券基金一般只公布组合的平均剩余期限，其与久期的相关程度很高，也可以通过平均剩余期限的长短来了解久期的长短。

投资债券的风险主要来自债券的发行方到期能否偿还本息，即信用风险，因此，在投资前充分了解债券型基金主要投资的债券信用等级是非常必要的。投资组合的信用级别越低，基金的收益率越高，但是债券发行人违约的风险就越大。

对于债券型基金的信用等级，投资人可以通过基金招募说明书中对所投资债券信用等级的限制和基金投资组合报告中对持有债券信用等级的描述进行分析。对于国内的债券基金，投资人尤其需要了解其所投资的可转债以及股票的比例。基金持有比较多的可转债，可以提高收益能力，但也放大了风险。因为可转债的价格受正股联动影响，波动要大于普通债券。集中持有大量转债的基金，其回报率受股市和可转债市场的影响可能远大于债市。另一方面，多数普通债券基金可以通过参与新股申购和增发、转债转股等方式持有一定比例的股票，以及个别基金还可通过二级市场投资持有一定股票，因此相应风险也会放大。

投资者还应该关注债券基金的业绩、风险、基金经理、费用等。费用很重要，尤其对于低风险收益品种，费率对最终实际回报的影响很大。现在不少债券基金设有不同的收费模式，投资人在做选择的时候要结合自身情况进行考虑。

我们在选择债券型投资基金的时候，经常被听起来高大上的 ABC 给弄糊涂。与股票型基金不同的是，在债券基金中有些特殊的分类，比如华夏债券和大成债券分 A、B、C 三类，而工银强债、招商安泰、博时稳定和鹏华普天分 A、B 两类。如果是 A、B、C 三类的基金，A 类为申购时收取前端申购费用，无赎回费；B 类为赎回时收取后端申购费用，无赎回费；C 类是没有申购费，即无论前端还是后端，都没有手续费。还有一种情况，就是只有 A、B 两类的债券基金。这种情况下，一般 A 类为有申购费，包括前端和后端，而 B 类债券没有任何申购费。虽然有些基金是没有申购费的，但是如果仔细去看招募书，在这些没有申购费的债券基金中，费率中都多出了一条叫“销售服务费”的条款。在华夏债券的招募书上是这样写的：本基金 A、B 类基金份额不收取销售服务费，C 类基金份额的销售服务费年费率为 0.3%。本基金销售服务费将专门用于本基金的销售与基金份额持有人服务。也就是说，华夏债券 C 类虽然不收前端或者后端申购费，但收取销售服务费。这个销售服务费是和管理费类似的，按日提取。

不同种类的基金适合于不同持有期限或不同投资金额的投资者。如果投资者购买金额很大，或资金长期不用的话，适宜选择 A 类基金。由于 A 类属于前端收费，对于大额投资资金一般会有申购费上的优惠，对 500 万元以上的大额投资者只收取每笔 1000 元的认购费，成本最低。投资者不会出现大规模的短期套利行为，这样就使业绩相对稳定，若长期投资会有不错的收益。对于购买资金不是很大、持有时间超过两年的投资者而言，B 类比较合适。有些债券型基金仅收取一次性 0.4% 的认购费用，且规定持有该基金两年以上者赎回费用为零。而若要选择 C 类，则对一些购买金额不大、持有时间不定的投资者较为适宜，投资期限可长可短，金额可大可小。这主要是由于其申购费为 0，且持有满 30 天以后赎回费也为 0，仅按照 0.3% 的年费率收取销售服务费，大大降低了投资者的交易成本。债券型基金赎回后 2 ~ 4 个工作日到账。表 11 为 2017 年 6 月 1 日国内债券基金单位净值为其日增长率排名。

表11　截至2017年6月1日国内债券型基金单位净值及其日增长率排名

基金代码	基金简称	单位净值（元）	累计净值（元）	日增长率（%）	近1周（%）	近1月（%）	近3月（%）	近6月（%）	近2年（%）	今年来（%）	成立来（%）	手续费（%）
003361	前海开源瑞和	1.2036	1.2036	0.01	19.75	20.01	—	—	—		20.36	0.00
002274	中邮纯债聚利	1.0370	1.0540	0.00	4.75	4.33	4.54	3.08	—	4.64	5.44	0.08
002609	博时泰和债券	1.0220	1.0220	0.00	1.79	2.92	2.71	1.39	—	2.30	2.20	0.00
002608	博时泰和债券	1.0270	1.0270	0.00	1.78	2.91	2.91	1.58	—	2.60	2.70	0.08
100051	富国可转换债	1.4030	1.4030	0.65	0.72	-1.75	-1.61	-8.36	-41.66	-1.75	40.30	0.08
000208	建信双债增强	1.1880	1.1980	0.08	0.68	-0.25	-3.34	-6.01	-1.00	-3.26	19.98	0.00
000207	建信双债增强	1.2060	1.2160	0.08	0.67	-0.25	-3.21	-5.78	-0.25	-3.13	21.79	0.08
050111	博时信用债券	2.1190	2.2160	0.14	0.62	-0.98	-0.94	-6.32	9.28	-0.94	129.46	0.00
050011	博时信用债券	2.1520	2.2670	0.09	0.61	-0.92	-0.88	-6.19	10.02	-0.78	136.29	0.08
003218	前海开源祥和	1.0144	1.0144	0.14	0.61	0.60	0.62	1.44	—	1.32	1.44	0.08
003219	前海开源祥和	1.0248	1.0248	0.14	0.60	0.57	0.56	2.48	—	1.20	2.48	0.00
000536	前海开源可转	0.7530	1.1230	0.00	0.53	0.80	-1.05	-6.11	-43.56	-1.18	7.51	0.08
519977	长信可转债债	1.1356	2.0956	-0.31	0.49	-1.64	-5.39	-10.02	-34.14	-5.35	119.87	0.08
519976	长信可转债债	1.1172	2.0242	-0.31	0.48	-1.67	-5.50	-10.22	-35.12	-5.51	109.60	0.00
121012	国投瑞银优化	1.2900	1.6240	0.08	0.47	0.55	0.41	0.03	6.20	1.44	64.76	0.08

资料来源：天天基金网。

12.
货币型基金

货币型基金，也称作“货币市场基金”，是一种开放式基金，按照开放式基金所投资的金融产品类别，货币型基金应该属于主要投资于1年期以内的债券、央行票据、回购等安全性极高的短期金融品种，又被称为“准储蓄产品”，其主要特征是本金无忧、活期便利、定期收益、每日记收益、按月分红利。基本属于货币市场范畴，风险微乎其微。其流动性仅次于商业银行活期储蓄产品，每天计算收益，一般1个月把收益结转成基金份额，收益较1年定期存款略高，且利息免税。货币型基金的本金比较安全，预期年收益率为3.9%。适合于流动性投资工具，是目前储蓄的替代品种。

一般情况下，投资者投资货币型基金的盈利概率在99.84%以上；预计年化收益率在3.8%～5%之间，高于1年期定期储蓄存款利率3.5%的利息收入，而且随时可以赎回，且一般可在申请赎回的第二天资金到账，非常适合追求低风险、高流动性、稳定收益的单位和个人投资者进行理财。货币基金按参与资金的规模限制可分为 A 类和 B 类两类供选择，其中 A 类供中小投资者投资，B 类供机构和大额投资者投资。两者的区别主要是：首次认（或申）购最低金额不同。货币基金 A 首次认（或申）购最低金额一般为 1000 元；而货币基金 B 首次认（或申）购最低金额为 500 万元（或 1000 万元）。同时，后期追加认（或申）购的最低金额也不同。货币基金 A 追加认（或申）购最低金额为 1000 元；而货币基金 B 追加认（或申）购最低金额为 10 万元。目前它们两者的销售服务费率也有所不同。举例来讲，海富通货币 A 级每年的销售服务费率为 0.25%；而海富通货币 B 级每年的销售服务费率为 0.01%。货币型基金与其他投资于股票的基金最主要的不同在于基金单位货币市场基金的资产净值是固定不变的，通常是每个基金单位 1 元。投资该基金后，投资者可利用收益再投资，投资收益就不断累积，增加投资者所拥有的基金份额。比如某投资者以 100 元投资于某货币型基金，可拥有 100 个基金单位，1 年后，若投资报酬是 8%，那么该投资者就多 8 个基金单位，总共 108 个基金单位，价值 108 元。

由于受到投资期限的限制，因而衡量货币型基金表现好坏的标准是收益率，这与其他基金以净资产价值增值获利不同。货币型基金流动性好、资本安全性高。这些特点主要源于货币市场是一个低风险、流动性高的市场。同时，投资者可以不受到日期限制，随时可根据需要转让基金单位。具体来讲：第一，货币型基金风险性低。货币市场工具的到期日通常很短，货币型基金投资组合的平均期限一般为4~6个月，风险较低，其价格通常只受市场利率的影响；第二，投资成本低。货币型基金通常不收取赎回费用，并且其管理费用也较低，货币型基金的年管理费用大约为基金资产净值的0.25%~1%，低于传统的基金年管理费率1%~2.5%；第三，货币型基金均为开放式基金。货币型基金通常被视为无风险或低风险投资工具，适合资本短期投资生息以备不时之需，特别是在利率高、通货膨胀率高、证券流动性下降，可信度降低时，可使本金免遭损失。

货币型基金是以货币市场工具为投资对象的基金。主要投资于以下金融工具：现金；1年以内（含1年）的银行定期存款、大额存单；剩余期限在397天以内（含397天）的债券；期限在1年以内（含1年）的债券回购；期限在1年以内（含1年）的中央银行票据；中国证监会、中国人民银行认可的其他具有良好流动性的货币市场工具。

货币型基金是除去法定休息日外，随时可以申购和赎回的基金，没有时间的限制。基金公司一般规定赎回份额，资金到账为2个交易日（T+2日）。货币基金赎回操作要在交易日的15:00前进行，这样才能保证“T+2”模式的运行。货币基金不要在周五进行申购交易，周一赎回比较合算。这是因为投资者在周五申购货币基金的话，将损失两天货币基金收益（即周六、周日的资金的现金利息），如果在周一赎回货币基金的话，可以享受周六、周日两天的货币基金收益。

货币型基金产品的投资群体主要适合以下人群：厌恶投资风险的所有人；对投资没有意识，需要逐步培养的投资者；对流动性要求很高，资金周转很快，但寻求比银行同期存款利息要高的投资者；在市场行情低迷，很少有安全的投资区域，但寻求保值增值的投资者。

很多人在购买货币型基金时不会像投资其他类型基金时那样精挑细选，他们认为货币型基金收益再好，也比不上在行情好时的其他类型基金的收益。其实，投资货币型基金虽说不会有特别高的收益，但购买此类基金同样也有技巧生存。

(1) 尽量选取“T+0”基金。货币型基金的赎回到账时间有长也有短，多数为“T+1”或“T+2”个工作日，但也有一些基金公司与银行联手，对于自己旗下的货币型基金产品推行“T+0”快速赎回业务，只要投资者提交货币型基金的赎回要求，资金会即时到账。如此一来，对于投资者而言，特别是善于投资，对资金流动性要求较高的理财高手来说，在选择货币型基金时，就必须懂得取舍。

(2) 选择便于转换的基金。很多基金公司不仅会推出货币型基金，而且还会推出诸如股票型、债券型、混合型基金。产品品种越多，对客户的粘性就越强。基金公司或商业银行有时为了最大限度地减少自己的客户流失，往往会对自己旗下的货币型基金和其他基金的转换费率实行大幅优惠，特别是在转换时提供多种方便措施。而多数投资者在投资基金时，为获取最大收益，在原则上一般为在股市行情好时投资股票型、指数型风险较大的基金，而在股市行情不好的情况下则投资货币型安全性较高基金。因此，投资者在选择基金时就应选择那些基金公司旗下有多类基金的基金公司的基金，在需要转换时不仅会减少转换成本，而且又会非常方便。

（3）挑选规模适中基金。对于基金公司来说，他们都需要保证基金持有人可以随时赎回自己的货币型基金。因此，都需要持有一定比例的现金。一般情况下，基金公司对于自己旗下规模较小的货币型基金，因其抵御赎回负面影响的能力相对较弱，所以现金持有比例往往会高于规模较大的货币型基金，由此，相应的规模较小的货币型基金，用于投资的资金就会相对较少，当然它们的收益率肯定就要受到一定的影响。而规模较大的货币型基金由于有资金方面的优势，容易店大欺客。因此建议投资者，最好采取折中的办法选择货币型基金，挑选资产规模适中的无疑是最佳。

（4）最好选购已建完仓的基金。对于货币型基金来说，它的认购费、申购费均为 0。和其他类型的基金费率完全不同，不仅在募集期内认购需要收费，申购时收费则更高。所以，如此一来，新发行的货币型基金对于老的货币型基金完全没有手续费方面的优势。相反的，新发行的基金，在发行期结束后，还会经历一个相对时间较长的建仓期，在短时间内收益率会很低。而老的货币型基金则一般仓位已经完全建成，投资品种就会持有较多，其收益，在相同的时间段里，自然就要比新的基金会可观得多。因此说，投资者在选择投资货币型基金时，应尽量选择那些已经成立一段时间，建仓完毕的老的货币型基金，因为它比新的货币型基金在收益方面更具有优势。

(5) 考虑提供增值服务的基金。有一些基金公司，为了更好地满足客户的理财需求，他们会围绕公司旗下的货币型基金的特点，推出一些功能实用的特色增值服务。如某基金公司推出了基金自动赎回业务，投资者在其直销平台只要选择定期定额赎回功能，便可用以每月定期偿还房贷、车贷等。又如另一基金公司推出的“钱袋子”服务，可以自动将其旗下的货币型基金定期定额转换为股票或者债券型基金，也就是利用货币型基金进行股票型基金、债券型基金的定投业务。如果投资者不想让自己整天惦记着还款、定投，同时又不想让自己的资金提前“躺”在活期账户上，享受活期储蓄存款利率，在选择投资货币型基金时，不妨考虑这些基金公司的货币型基金，并实时开通这些公司提供的增值服务。如此，就会让自己的货币型基金理财方式能够获得更多的“实惠”。

货币型基金以收益等于或高于一年期定期储蓄、灵活性又接近活期储蓄的独特优势受到投资者青睐。但是，货币型基金毕竟不是银行储蓄。首先，应坚持“买旧不买新”原则。一支货币型基金经过一段时间的运作后，其业绩的好坏已经经受过市场的考验，而一支新发行的货币型基金能否取得良好业绩还需要时间来检验。其次，应坚持“买高不买低”原则。投资者可以通过相关网站查询货币型基金的收益率排行榜，尽量选择年化收益率一直排在前列的高收益货币型基金。最后，应坚持“就短不就长”原则。货币型基金是一种短期的投资理财工具，比较适合打理活期资金、短期资金或一时难以确定用途的临时资金或称作闲钱。而对于1年以上的中长期资金，投资者则应选择债券、股票型基金等收益更高的理财产品。表12为2017年5月16日中国货币型基金A类前十名收益排行数据。

表12　　截至2017年5月16日中国货币型基金A类前十名收益排行数据

基金简称	日万份基金单位净收益（元）	7日年化收益率（%）	2017年以来净值增长率（%）
兴业稳天盈货币	1.10400	4.145	1.6463
中融现金增利货币A类	1.17540	4.392	1.6371
易方达现金增利货币A类	1.32960	4.337	1.6118
嘉实现金宝货币	1.12820	4.180	1.6099
博时兴盛货币	1.14890	4.286	1.6033
嘉实增益宝货币	1.18300	4.304	1.5998
中欧骏泰货币	1.09200	4.092	1.5744
国投瑞银钱多宝货币A类	1.29640	4.369	1.5649
上银慧盈利货币	1.82100	4.288	1.5434
民生加银腾元宝货币	1.12730	4.216	1.5236

资料来源：中国财经报。

需要说明的是，日万份基金单位净收益是指每1万份基金份额在某一天或者某一时期所取得的基金收益额。具体计算公式为：

日每万份基金单位净收益＝当日基金净收益÷当日基金份额总额×10000。

单日万份基金净收益在很大程度上依赖于基金所持证券或存款的利息发放日落在哪一天，其本身并不具有反映基金收益能力的意义。

货币型基金产品遇节假日的收益处理原则是：申购不计，赎回享受。货币基金节假日的收益与周五申购或赎回的情况相同，即投资者于法定节假日前最后一个开放日申购的基金份额，不享有该日和整个节假日期间的收益；于法定节假日前最后一个开放日赎回的基金份额，可享有该日和整个节假日期间的收益。货币型基金赎回后1～2个工作日到账。

13.
混合型基金

混合型基金是在投资组合中既有成长型股票、收益型股票，又有债券等固定收益投资的共同基金。混合型基金设计的目的是让投资者通过选择一款基金品种就能实现投资的多元化，而无需再去分别购买风险与收益明显不同的股票型基金、债券型基金和货币市场基金产品。混合型基金的管理团队会同时使用激进和保守的投资策略，其回报和风险要低于股票型基金，高于债券和货币市场基金，是一种风险适中的理财产品。一些运作良好的混合型基金回报甚至会超过股票基金的水平。

按照《证券投资基金运作管理办法》的规定，混合型基金主要投资于股票、债券以及货币市场工具，且不符合股票型基金（股票投资比例不低于总资产 60%）和债券型基金（债券投资比例不低于总资产 80%）的分类标准。混合型基金在资产配置策略设计方面的最大特点是可通过灵活的资产配置，在规避市场波动风险的同时优化资产组合的收益水平。根据股票、债券投资比例以及投资策略的不同，混合型基金又可以分为偏股型基金、偏债型基金、配置型基金等多种类型。混合型基金和股票型基金的主要区别在于：

（1）投资的重点不同。股票型基金主要资金投资股票，混合型基金投资品种较多，资金可以分散，也可以集中，其在组合策略方面非常灵活多变。

（2）收益回报不同。在牛市中，股票型基金的收益要比混合型基金高，而在熊市中或者市场不好的时候，则混合型基金收益要比股票型基金高出不少。

（3）风险程度不同。股票型基金的风险要比混合型基金的风险高，主要是因为股票型基金的投资重点是股票，市场出现的不确定因素会更多一些，投资人面临亏损的概率较高。而混合型基金由于配置均衡，当市场突然转变时，受到的影响或冲击相对于股票来讲较小一些。

总体而言，混合型基金的风险低于股票型基金，预期收益则是要高于债券型基金，为投资人提供了一种在不同资产类别之间进行分散投资的一种工具。混合型基金的股债比例可以适时灵活安排，并且理论上混合型基金可以为投资人提供一种“一站式”的资产配比服务。混合型基金的风险主要取决于股票和债券配置的比例大小，一般来说，普通混合型基金的风险系数比较高，因为激进型的股票投资占比全部的混合型基金投资的百分比较多，所以风险性也是比较高，而稳健混合型基金的风险比较低，也是因为债券类的风险较低产品占比较高，各位投资人可以根据自己的资产配比情况和自身承受风险能力来配置投资混合型基金股票、债券等产品的比例。需要强调的是，混合型基金虽然采用了一站式的资产配置投资方式，但是如果购买多个混合型基金，投资人容易在大类的资产配置上变得模糊不清，不利于投资人分析市场状况。

投资者怎样选择一款合适的混合型基金产品哪？第一，要看产品的盈利能力。投资者考察混合型基金的盈利能力，可以考虑基金的阶段收益率和超越市场平均水准的超额收益率等指标。基金的阶段收益率反映了基金在这一阶段的收益情况，是基金业绩的最直接体现，但这个业绩受很多短期因素影响，有较多偶然成分。评价收益率还需要考虑基金获得超越市场平均水准的超额收益率，常用詹森指数等作为衡量指标。詹森指数衡量基金获得超越市场平均水准的超额收益能力，可以作为阶段收益率的补充，可以帮助投资者更全面地判断基金的盈利能力。第二，要看产品的抗风险能力。投资者选择混合型基金时，除了关注收益率的高低，还应关注基金的抗风险能力，这主要通过该基金的亏损频率和平均亏损幅度来比较。不同的亏损频率和亏损的幅度一定程度上反映了基金经理的操作风格，只有将亏损频率和亏损幅度较好平衡的基金才能具有较强的抗风险能力，帮助投资者实现长期持续的投资回报。第三，要考虑管理团队的选股择时能力。一般而言，混合型基金的管理团队应该坚持价值投资的理念，分享国民经济和资本市场的成长是混合型基金的价值所在。混合型基金的业绩很大程度上取决于基金经理是否能够通过主动投资管理实现基金资产增值，考察混合型基金的选股就显得尤为重要。衡量基金经理选股能力的常用指标有组合平均市盈率、组合平均市净率、组合平均净资产收益率等，只有持仓组合的组合平均市盈率、组合平均市净率、组合平均净资产收益率等指标处于较合理的水平，基金资产才有较好的增值前景。相比股票型基金投资者，混合型基金的投资者风险偏好较低，除考察盈利能力、抗风险能力、选股能力外，混合型基金重在考察择时配置能力，基金管理人需要通过灵活择时来规避市场风险，实现资产的稳健增值。常用的衡量混合型基金把握市场时机与资产配置水准的指标有 C－L 择时能力等。

对投资者来说，盈利能力、抗风险能力、选股择时能力 3 个方面都很重要，但实际中往往难以兼顾，如何全面评价该基金的整体表现，给各方面赋予合理的权重，涉及较复杂的统计和动态优化的技术，广大普通投资者往往难以做到，不过可以参考市场中专业的基金研究机构的结果。专业基金研究机构利用独有的研究模型和技术，全面评级基金的收益、风险、选股择时等能力，以基金分类评级的方式向公众发布。

投资者进行混合型基金产品投资时，应通过认真分析证券市场波动、经济周期的发展和国家宏观政策，从中寻找买卖基金的时机。一般应在股市或经济处于波动周期的底部时买进，而在高峰时卖出。在经济增速下调落底时，可适当提高债券基金的投资比重，及时购买新基金。若经济增速开始上调，则应加重偏股型基金比重，以及关注以面市的老基金。这是因为老基金已完成建仓，建仓成本也会较低。与此同时，投资者对购买基金的方式也应该有所选择。开放式基金可以在发行期内认购，也可以在发行后申购，只是申购的费用略高于发行认购时的费用。申购形式有多种，除了一次性申购之外，还有另外3种形式供选择。一是可以采用“金字塔申购法”。投资者如果认为时机成熟，打算买某一基金，可以先用一半左右的资金申购，如果买入后该基金不涨反跌，则不宜追加投资，而是等该基金净值出现上升时，再在某价位买进1/3左右的基金，如此在上涨中不断追加买入，直到某一价位“建仓”完毕。这就像一个“金字塔”，低价时买的多，高价时买的少，综合购买成本较低，赢利能力自然也就较强；二是可采用“成本平均法”，即每隔相同的一段时间，以固定的资金投资于某一相同的基金。这样可以积少成多，让小钱积累成一笔不小的财富。这种投资方式操作起来也不复杂，只需要与销售基金的银行签订一份“定时定额扣款委托书”，约定每月的申购金额，银行就会定期自动扣款买基金；三是可以采取“价值平均法”，即在市价过低的时候，增加投资的数量；反之，在价格较高时，则减少投资，甚至可以出售一部分基金。投资者应尽量选择后端收费方式。基金管理公司在发行和赎回基金时均要向投资者收取一定的费用，其收费模式主要有前端收费和后端收费两种。前端收费是在购买时收取费用，后端收费则是赎回时再支付费用。在后端收费模式下，持有基金的年限越长，收费率就越低，一般是按每年20%的速度递减，直至为0。所以，当你准备长期持有该基金时，选择后端收费方式有利于降低投资成本。如果说有建议的话，那么给投资者的建议就是尽量选择伞形基金。伞形基金也称系列基金，即一家基金管理公司旗下有若干个不同类型的子基金。对于投资者而言，投资伞形基金主要有以下优势：一是收取的管理费用较低；二是投资者可在伞形基金下各个子基金间方便转换。

混合基金产品购买之前应该注意以下几个问题：第一，是否认真考虑过基金公司业绩是否优良。选择买何种混合基金前，要先了解其基金公司以往的整理业绩如何，而不能只单单地看该基金公司旗下的某一支基金的业绩。基金公司的整体业绩乐观才能证明其投资团队的专业度和判断力。但话说回来，回报稳健增长的基金业绩比暴涨暴跌的基金业绩更值得投资者拥有；第二，是基金管理团队是否稳定。基金公司的整体业绩依靠的是整个基金公司团队，只有稳定的基金公司团队才能更加推进基金公司业绩。若是一个基金公司经常频繁换工，基金经理任职时间短而有投资管理人员频繁跳槽，则该公司的整体业绩也会有更多的不确定性和较大的波动；第三，拿准当前基金市场格局如何。选择哪种类别的混合基金，要判断好购买时机，大盘处于上涨行情时，通常买新的混合基金的收益率不会高于老混合基金，因为新的混合基金需要建仓时间，建仓时也给老的混合基金持有的股票提供了上涨支撑。而在下跌行情中，买新的混合基金就可以强于老的混合基金，因为新的混合基金可以通过延缓建仓，打新股，购买债券等手段获取稳定收益；第四，基金的规模大小。规模太大的基金的打新收益会被分摊成更多份，得到的收益会小。规模太小的基金由于各方面的局限，难以达到打新收益。相关人士建议单支基金规模在50亿元左右为宜；第五，认真思考自身的风险承受能力的大小。如果是短期内申购了又赎回，基金费用是需要考虑的，这会摊薄你的基金收益。如果买的是保本类打新基金，那么短期持有赎回的费用可是带有惩罚性质的。买基金前，必须根据自己的风险偏好和收益预期，想好要买什么类别的基金产品。

混合基金赎回的方式主要有：第一，基金定期定额赎回。如果不是急需用钱，建议混合基金不要定期赎回。如果赎回以后再进行认购或申购，会花不少钱在费率上。申购费或认购费、赎回费在盲目的反复操作下就会是一大笔费用，得不偿失。买基金理财是一个长期的目标，定期定额赎回，既能保证本金不动，又可以获得一笔小收益，长此以往，积少成多；第二，网上银行赎回基金。网上基金可以进入银行页面，点击基金，我的基金，选择要赎回的基金，点击赎回链接。认真填写赎回份额，确认赎回信息，填写账户取款密码，就成功完成了基金赎回。一般情况下，混合型基金赎回后3～4个工作日到账。当然，基金赎回几天到账还要看基金赎回时间，如果是当日15:00点前赎回操作，是以当日收盘以后公布的基金净值计算的；15:00之后申报的赎回单，则是以第二天的收盘价值为准收到赎回客户指令后，基金公司需要进行资金结算，因此需要耗费一定基金赎回时间。表 13 为截至 2017 年 6 月 1 日国内混合型基金单位净值及其日增长率排名。

表 13　　截至 2017 年 6 月 1 日国内混合型基金单位净值及其日增长率排名

基金代码	基金简称	单位净值（元）	累计净值（元）	日增长率（%）	近1周（%）	近1月（%）	近3月（%）	近6月（%）	近2年（%）	2017年以来（%）	成立以来（%）	手续费（%）
004175	博时鑫泰混合	1.0996	1.0996	0.01	9.57	9.55	9.65	—	—	9.96	9.96	0.08
002196	金鹰技术领先	1.0520	1.0520	0.19	1.64	-2.68	-12.04	-10.62	—	-8.20	5.20	0.08
210007	金鹰技术领先	1.0480	1.5230	0.10	1.55	-2.78	-12.30	-10.88	-32.10	-8.47	52.33	0.00
002803	东方红沪港深	1.2500	1.2500	0.97	1.54	6.47	13.64	18.93	—	21.36	25.00	0.08
001657	长安鑫富领先	1.1210	1.1210	1.26	1.36	6.76	11.32	—	—	—	12.10	0.08
002072	长安鑫利优选	1.2860	1.2860	1.21	1.31	6.69	13.30	18.42	—	19.52	18.53	0.00
001281	长安鑫利优选	1.2884	1.2884	1.21	1.31	6.73	13.42	18.75	27.56	19.74	28.84	0.08
400011	东方核心动力	1.4839	1.4839	0.45	1.23	-3.54	-2.32	-3.01	-19.14	2.06	48.39	0.00
519690	交银稳健配置	1.2709	3.4539	0.79	1.19	2.18	11.56	13.18	-37.94	17.19	371.77	0.08
519013	海富通风格优	0.7090	1.8150	0.28	1.14	-1.25	-3.67	-5.47	-36.92	-1.25	69.62	0.08
002851	南方品质混合	1.1820	1.1820	0.25	1.11	0.94	6.58	12.25	—	17.85	18.20	0.00
000619	东方红产业升	2.4890	2.4890	0.57	1.10	3.41	8.79	9.17	0.57	14.75	148.90	0.08
310388	申万菱信消费	1.1530	1.4170	0.61	1.05	1.50	5.59	9.44	-42.00	13.73	46.27	0.08
000251	工银金融地产	2.0940	2.6130	0.58	1.01	4.28	2.76	1.72	-15.15	8.36	167.78	0.00
210001	金鹰成份优选	0.9701	2.8526	-0.01	0.95	0.61	-1.70	0.49	-8.90	0.92	278.21	0.08

资料来源：天天基金网。

混合型基金是同时投资于股票、债券和货币市场等多种金融产品，并且配置比例可灵活调整的基金产品。理论上说，混合型基金的风险低于股票基金，预期收益高于债券基金，风险适中。这种基金的设计目的是让投资者选择一款基金就能实现投资多元化，而不需要再分别购买风格不同的基金。从实用的角度看，混合型基金无论是牛市、熊市还是震荡市，都是非常不错的一种基金配置方法。牛市时股票基金和指数基金通常会表现得非常抢眼，但如果遇到回调期间，则大盘跌则指基和股基也跟着一起跌，因为这两种基金持有的大部分资产为股票。而这个时候混合型基金的优势就显现出来了。由于混合型基金的持仓要求比较灵活，只要基金经理管理能力不差，混合型基金既可以在上涨时调高股票仓位，又可以在下跌时快速调整仓位减少损失。因此，从更长期的业绩回报来看，优秀的混合型基金的收益往往能战胜指数基金和股票基金。所以，如果行情震荡的话，混合型基金也是帮我们安心赚钱的好伙伴。混合型基金根据不同混合方式分为以下几种：偏股型：股票占比50%~70%，债券占比20%~40%；偏债型：股票占比20%~40%，债券占比50%~70%；平衡型：股票、债券比例较平均；配置型：股债比例按市场调整，0~100%都有可能。而与混合型基金有所不同，定投的优势在于长期投资平均成本，分散风险，因此更适合于投资波动较大的产品。若每月的投资是出于强制储蓄和长期投资的目的，以指数型基金和主动管理型股票基金最为适宜。就定投而言，新老基金并没有优劣之分，最终要看哪支基金的业绩更好。区别在于老基金有过往历史业绩可供参考，投资者在选择时能借以参考；而新基金成立初期仓位较低，如果当时是上涨市，其业绩往往输给老基金产品，反之，若当时是下跌市，则其业绩往往好于老基金产品，而当新基金建仓完毕，新老基金之间就没有这种先天的仓位区别，其业绩将取决于各自的选股择时能力。混合型基金投资收益主要指标如下：

净申购金额 = 申购金额 ÷（1 + 申购费率）

申购费用 = 申购金额 - 净申购金额

申购份额 = 净申购金额 ÷ T 日基金份额净值

赎回费用 = 赎回份额 × T 日基金份额净值 × 赎回费率

赎回金额 = 赎回份额 × T 日基金份额净值 - 赎回费用

净利润 = 赎回金额 - 申购金额

14. 炒汇炒的是“量”

买卖外汇原本只是由于结汇制度的存在，使收到外汇的单位和个人必须按照政府规定的价格卖给政府指定的商业银行，而进口或者出国需要外汇时再到政府指定的商业银行按照政府规定的价格买到所需外汇。由于外汇紧缺和严格的外汇管制的存在，真正意义的外汇交易市场在我国并未存在。谈炒汇几乎是不可能的。但现在不同，国家的外汇储备数量已经跃居全球第一位置，结汇制作为一项历史久远的外汇管制制度虽然并未退出政策舞台，但实际已经名存实亡，国家已经放开了外汇市场的自由交易。同时，国际金融市场汇率变动传导效应时差的客观存在，客观上促使外汇买卖的条件已经具备，炒汇实践已经开始。目前大家买卖外汇时，各币种的汇价是由我国允许进行外汇买卖的各商业银行，参照全球联网的外汇市场交易系统所发布的国际金融市场的即时汇率，加上一定幅度的买卖差价后确定的。如中国工商银行、中国建设银行、中国农业银行、交通银行、招商银行的个人外汇买卖业务的外汇报价，是随着国际外汇市场的波动而及时调整。当国际外汇市场汇率变化达20个基点时，其报价由电脑自动调整。而随着各商业银行间竞争的加剧，这一由软件自动调整的“20个基点”还有逐渐缩小的趋势。换句话说，炒汇赚钱不是靠汇率的大幅上涨和大幅下跌来赚取巨额差价，而是靠交易的巨大金额。炒汇赚钱赚的是“量”。目前，大家买卖外汇时都是按照银行交易系统当时的即时报价认可后进行交易。外汇报价在开办个人外汇买卖业务的支行或分理处用大屏幕显示器向客户公布，办理电话交易的客户则可以通过交易热线查询到即时各币种汇价并进行实盘或挂盘外汇交易。

按照外汇市场营业时间的不同来划分，汇率可分为开盘汇率和收盘汇率。世界主要外汇市场一般都在当地时间上午9：00开市，中午不休息，下午5：00闭市。世界主要外汇市场，在欧洲大陆有法兰克福、苏黎世、米兰、巴黎、阿姆斯特丹。与这些市场相差1个小时，伦敦外汇市场便开始营业（北京时间就是17：00)，伦敦外汇市场开始营业以后5个小时，纽约外汇市场开始营业（北京时间就是22：00)。伦敦与纽约外汇市场同时营业的几个小时是一天中外汇交易的最高峰时段(北京时间是22：00至次日凌晨1：00)。在亚洲时区，东京外汇市场在美国最后的一个外汇市场旧金山市场交易结束前1个小时开始营业。东京外汇市场与只有1个小时时差的中国香港、新加坡、中国大陆、中国台北等市场以及澳大利亚、新西兰的外汇市场联系密切。东京外汇市场在欧洲大陆外汇市场开始营业的一个半小时前结束营业（北京时间就是在14：30）。

需要说明的是，各国的金融市场是以各国的货币和国界相隔离的，在金融体制、经营惯例、业务范围和金融资产各方面存在很大的差异。各国金融当局一般对外资银行的进入进行严格控制，并对其业务范围加以限制，保证本国金融不受外部冲击。但是，由于国际贸易和资本流动的关系，各国金融市场又保持了一定程度的联系。进入20世纪80年代后，在信息、网络等高科技不断发展，金融工具不断创新以及许多国家为发展经济而放松金融管制的条件下，各国国内金融市场与国际金融市场联系更紧密，出现了金融市场全球一体化的趋势。大家在判断汇率变动趋势时，应该注意和充分利用这方面的信息。

目前不少商业银行在推销外汇产品时都使用“钞汇同价”的广告语，其实钞价和汇价可真是不一样。在实际的外汇买卖交易中，钞买价、钞卖价统称为钞价；汇买价、汇卖价统称为汇价。换句话说，您买卖的外币为现钞账户存款或持有的现钞时，适用钞价，您买卖的外币为现汇账户存款适用汇价。就目前来看，外币现钞主要是指外国纸币，由国内居民从境外携入，同时若该笔货币存入银行，形成的银行存款兑换成本国货币也按照现钞价格兑换；而外币现汇是指账面上的外汇，是从国外银行汇到国内的外汇存款，以及外币汇票、本票、旅行支票通过电子划算直接入账的国际结算凭证形成的银行存款。由于商业银行收入国内居民持有的外币现钞后需要经过一定时间，积累到一定数额后，才能将其运送并存入外国银行调拨使用。在此之前，买进外钞的商业银行肯定要亏收一定的利息数额；而将现钞运送并存入外国银行的过程中，还有运费、保险费支出，银行要将亏收的利息及费用转嫁给出卖现钞的顾客，所以银行买入现钞所出的价格低于买入现汇的价格。而银行卖出外汇现钞时，价格与卖出现汇一致。

商业银行对个人拥有的外币存款有现钞户和现汇户之分；两种账户存款利率相同；两种账户将外币存款兑换成人民币的汇率不相同，现钞户能兑换较少的人民币；现钞存款不能变成现汇存款。以日元举例，如果您的日元是直接存到您开户银行的，您的账户就是现钞账户，您做交易时就看现钞的买入卖出价。如果您的日元是通过国外的银行汇入您在国内的账户的，您的账户就是现汇账户，您做交易时就看现汇买入卖出价。直接的结果是，现汇交易后您得到的美元或者人民币会比用现钞交易得到的多一点。

在外汇市场中，影响汇率变动的因素主要有：国际收支状况；国内生产总值的多寡；通货膨胀率的高低；货币供给的多少；财政收支平衡；利率；汇率政策和对市场的干预；投机活动与市场心理预期；政治与突发因素。另外，外汇市场的参与者和研究者，包括经济学家、金融专家和技术分析员、资金交易员等每天致力于汇市走势的研究，他们对市场的判断及对市场交易人员心理的影响以及交易者自身对市场走势的预测都是影响汇率短期波动的重要因素。当市场预计某种货币趋跌时，交易者会大量抛售该货币，造成该货币汇率下浮的事实；反之，当人们预计某种货币趋于坚挺时，又会大量买进该种货币，使其汇率上扬。由于公众预期具有投机性和分散性的特点，加剧了汇率短期波动的振荡。影响汇率因素的关系错综复杂。有时这些因素同时起作用，有时个别因素起作用，有时甚至起互相抵消的作用，有时这个因素起主要作用，另一因素起次要作用。但是从长时间来观察，汇率变化受国际收支的状况和通货膨胀所制约，因而是决定汇率变化的基本因素，利率因素和汇率政策只能起从属作用，即助长或削弱基本因素所起的作用。一国的财政货币政策对汇率的变动起着决定性作用。各国的货币政策中，将汇率确定在一个适当的水平已成为政策目标之一。投机活动只是在其他因素所决定的汇价基本趋势基础上起推波助澜的作用。

由于我国采用直接标价法，而在直接标价法下，汇率降低，使得等值的外汇只能换到更少的人民币，实际是外币贬值；汇率升高，使得等值的外汇能够换到更多的人民币，实际是外币升值。

个人炒汇赚钱主要还是靠套汇，即利用不同的外汇市场，不同的货币种类，不同的交割时间以及一些货币汇率和利率上的差异，从低价一方买进，高价一方卖出，从中赚取利润。套汇一般可以分为地点套汇、时间套汇和套利三种形式。地点套汇是指套汇者利用不同外汇市场之间的汇率差异，同时在不同的地点进行外汇买卖，以赚取汇率差额的一种套汇交易。地点套汇又分两种，第一种是直接套汇。又称为两角套汇，是利用在两个不同的外汇市场上某种货币汇率发生的差异，同时在两地市场贱买贵卖，从而赚取汇率的差额利润。第二种是间接套汇，又称三角套汇，是在3个或3个以上地方发生汇率差异时，利用同一种货币在同一时间内进行贱买贵卖，从中赚取差额利润。时间套汇又称为调期交易，它是一种即期买卖和远期买卖相结合的交易方式，是以保值为目的的。一般是在两个资金所有人之间同时进行即期与远期两笔交易，从而避免因汇率变动而引起的风险。三角套汇交易必须以一种货币开始，并且以同一种货币为结束。套利又称利息套汇，是利用两个国家外汇市场的利率差异，把短期资金从低利率市场调到高利率的市场，从而赚取利息收入。

要进行套汇必须具备以下三个条件：存在不同的外汇市场和汇率差价；套汇者必须拥有一定数量的资金，且在主要外汇市场拥有分支机构或代理行；套汇者必须具备一定的技术和经验，能够判断各外汇市场汇率变动及其趋势，并根据预测迅速采取行动。否则，要进行较为复杂的套汇将事倍功半。目前国内套汇的交易主体正迅速扩大，一些跨国公司，国际货币经理人，注册交易商，国际货币经纪人，期货和期权交易商和私人投机商都参与其中。套汇交易不像股票和期货那样集中在某一个交易所里进行交易。事实上，交易双方只要通过一个电话或者一个电子交易网络就可以成交交易。因此，套汇交易市场被称作超柜台（OTC）或银行间交易市场。

15.
“懒人”理财偏爱基金定投

华尔街流传这样一句话：要在市场中准确地踩点入市，比在空中接住一把飞刀更难。无论投资者是投资股票、债券，或是股票型债券型基金，都需要认真研究市场行情，把握市场动态，选择投资时机。但事实上，普通投资者很难适时掌握正确的投资时点，常常可能是在市场高点买入，在市场低点卖出。有没有更加省时省力的投资品种呢？答案是肯定的，那就是基金定投。大家都知道证券投资基金是一种集合投资、专家理财、能有效分散风险的投资方式。实际操作中，基金投资的方式有两种：一种是我们常说的单笔投资，就是一次性申购或买入基金；另一种方式就是定期定额。

基金定投是定期定额投资基金的简称，是指在固定的时间（如每月 8 日）以固定的金额（如 500 元）投资到指定的开放式基金中，类似于银行的零存整取方式。基金定投手续简单，只需投资者去基金代销机构办理一次性的手续，此后每期的扣款申购均自动进行，一般以月为单位，有的也可以半月、季度等其他时间限期作为定期的单位。办理基金定投之后，代销机构会在每个固定的日期自动扣缴相应的资金用于申购基金，投资者只需确保银行卡内有足够的资金即可，省去了去银行或者其他代销机构办理的时间和精力。目前，各大银行以及证券公司都开通了基金定投业务，基金定投的进入门槛较低，例如工商银行的定投业务，最低每月投资 200 元就可以进行基金定投；农业银行的定投业务，基金定投业务最低申购额仅为每月 100 元，突破了平均 1000 元的基金传统申购金额底线，即便是处于事业发展初期的年轻人也能够从容地加入基金理财的行列。投资者可以在网上进行基金的申购、赎回等所有交易，实现基金账户与银行资金账户的绑定，通过设置申购日、金额、期限、基金代码等进行基金的定期定额定投。与此同时，网上银行还具备基金账户余额查询、净值查询、变更分红方式等多项功能，投资者可轻松完成投资。相比单笔投资基金而言，基金“定额定投”起点低、方式简单，所以它也被称为“懒人理财”。

基金定投具有类似长期储蓄的特点，对于大多数以工薪收入为主的投资者而言，定期定额投资能在一定程度上帮助投资者遵守“投资纪律”，进行强制储蓄，还有可能获得收益，尤其适合“月光族”。另外，基金定投还可以达到分摊成本、聚沙成塔和平滑风险的作用。投资的要诀就是“低买高卖”，但却很少有人在投资时掌握到最佳的买卖点获利，为避免这种人为的主观判断失误，投资者可通过“定投计划”来投资市场，不必在乎进场时点，不必在意市场价格，无需为其短期波动而改变长期投资决策。由于资金是分期投入的，投资的成本有高有低，只要选择的基金有整体增长，投资人就会获得一个相对平均的收益，最大限度地分散了投资风险。基金定投还可以产生复利效应，本金所产生的利息加入本金继续衍生收益，达到利滚利的效果。投资时间越长，复利效果越明显。但是基金定投的复利效果需要较长时间才能充分展现，因此不宜因市场短线波动而随便终止。只要长线前景佳，市场短期下跌反而是累积更多便宜单位数的时机，一旦市场反弹，长期累积的单位数就可以一次获利。

基金定投虽然强调长期投资，但并不是不能提前终止，投资者可以在需要的时候，随时终止退出基金定投。退出的方法有两种：一种是主动退出，也就是说需要投资者到银行主动提出退出申请，基金管理公司确认后，就可以终止了。第二种是自动终止（违约退出）。就是说如果投资者用作定投的账户内连续两到三次都资金不足，没能成功扣款，系统也会自动终止基金定投。

上班族显然是基金定投最适合的人群之一，大部分的上班族薪资所得在扣除日常生活开销后，所剩余的金额往往不多，小额的定期定额投资方式最为适合。而且由于上班族大多无法时常亲自在营业时间内到金融机构办理申购手续，也普遍缺乏时间和足够的专业知识，因此，通过指定账户自动扣款的定期定额投资，对上班族来说是最省时省事的方式。

对未来某一时点有特殊资金需求的投资者也是非常适合基金定投方式的。例如，计划5年后购房支付房款、20年后子女出国留学金，甚至30年后的退休养老基金等等。在已知未来将有大额资金需求时，提早以定期定额小额投资方式来规划，不但不会造成经济上的负担，更能让每月的小钱在未来变成大钱。由于基金定投有投资成本加权平均的优点，还能有效降低整体投资的成本，使价格波动的风险下降，进而提升获利的机会。

像其他证券投资基金一样，基金定投也存在着投资风险。由于基金定投也主要投资于股票市场或债券市场，因此偏股型的基金定投的风险主要来自股市的涨跌，而偏债券型的基金定投风险主要来自债市的波动。尽管基金定投有分散风险的功能，但是如果股票市场波动出现了类似2008年那样的大幅度下跌，基金定投仍然不可避免出现账户市值的大跌。

基金定投是针对某项长期的理财规划，投资周期越长，亏损的可能性越小，国内外历史数据显示，定投投资超过10年，亏损的概率接近于0。但如果投资者缺乏长期的财务规划，特别是对未来现金需求估计不足的话，在股市低迷时期一旦资金流出现紧张，有可能被迫中断投资而遭受损失。基金定投也不是短期进出获利的工具，投资者如果在定投基金时也追涨杀跌，尤其是遇到股市下跌时就停止了投资扣款，违反了基金定投的基本原理，导致失去了低位加码的机会，基金定投分散风险的功效自然会受到影响。基金定投与零存整取还是存在区别，基金定投不能规避基金投资所固有的风险，不能保证投资人获得本金绝对安全和获取收益，也不是替代储蓄的等效理财方式。如果投资者的理财目标是短期的，则不适宜选用基金定投，而应选用银行储蓄等更加安全的方式。

投资者在进行基金定投前，最好先设定投资目标，即每个月定时扣款的金额。在设定目标时，要量力而行，定期定额投资一定要做得轻松没负担。有的客户未来分散投资标的选择很高的投资目标，后来不得不提前支取定期存款来维持继续投资，这样就会导致存款利息的损失。最好先分析一下每月收支状况，计算出固定能省下来的闲置资金，再进行投资比较好。

虽然长期投资定期定额可以有效分散风险，但由于基金本身固有风险的存在，在投资前还是需要对市场进行选择的。超跌但基本面不错的市场最适合开始定期定额投资，即便市场处于低位，只要看好未来长期发展，就可以考虑开始投资。也就是说，定投的前提是对证券市场行情是长期看涨的。如果市场长期持续下跌，定投是无法通过长期投资分散风险的。定期定额投资的期限也要因市场情形来决定，比如已经投资了 2 年，市场上升到了非常高的点位，并且分析之后行情可能将进入另一个空头循环，那么最好先行解约获利了结。如果即将面临资金需求时，例如退休年龄将至，就更要开始关注市场状况，决定解约时点。适时转换，开始定期定额投资后，若临时必须解约赎回或者市场处在高点位置，而对后市情况不是很确定，也不必完全解约，可赎回部分份额取得资金。若市场趋势改变，可转换到另一轮上升趋势的市场中，继续进行定期定额投资。

定期定额长期投资的时间复利效果分散了股市多空、基金净值起伏的短期风险，只要能遵守长期扣款原则，选择波动幅度较大的基金其实更能提高收益，而且风险较高的基金的长期报酬率应该胜过风险较低的基金。如果理财目标期限较长，在5年以上，甚至10年、20年，不妨选择波动较大的基金，而如果理财目标期限在5年内，还是选择绩效较平稳的基金为宜。持之以恒，长期投资是定期定额积累财富最重要的原则，这种方式最好要持续3年以上，才能得到好的效果，并且长期投资更能发挥定期定额的复利效果。从投资渠道的选择上，最好采用基金公司直销的方式。在银行购买固然最方便，但费用一般会高于公司直销的方式。

目前可提供定期定额投资方式的基金共计近1500支。但是，如何在众多的基金中进行有效选择是投资者面临的又一问题。有以下指标可供参考：

一是基金累计净值增长率，这是评价基金收益的指标。基金累计净值增长率指的是基金目前净值相对于基金合同生效时净值的增长率，可以用它来评估基金正式运作至今的业绩表现；累计净值增长率是指在一段时间内基金净值的增加或减少百分比（包含分红部分）。

基金累计净值增长率 =（份额累计净值 - 单位面值）÷ 单位面值

若嘉实服务增值行业基金份额累计净值为6.69元，单位面值1元，则该基金的累计净值增长率为569%。这个数值越高，说明该基金的盈利能力越强。

二是基金分红比率。其计算公式是：

基金分红比率=基金分红累计金额÷基金面值

由于基金分红的前提之一是必须有一定盈利，能实现分红甚至持续分红，可在一定程度上反映该基金较为理想的运作状况。2015年1月，受股债双牛市的影响，已有超过200支基金向基民派发红利逾200亿元，合计共有46支基金每10份分红达到或超过1元。

三是将基金收益与大盘走势相比较。如果一支基金大多数时间的业绩表现都比同期大盘指数好，那么说明这支基金的管理是比较有效的，选择这种基金进行定期定额投资，风险和收益都会达到一个比较理想的匹配状态。表14为截至2017年6月2日国内主要基金定投产品收益排行榜资料。

表14　　截至2017年6月2日国内主要基金定投产品收益排行榜

定投代码	定投产品简称	单位净值（元）	近1年收益（%）	近2年收益（%）	近3年收益（%）	近5年收益（%）	上海证券评级	手续费（%）
070002	嘉实增长	8.3380	-11.58	-11.24	3.79	30.30	★★★	0.15
240008	华宝收益增长	5.3589	-5.31	-4.43	3.72	26.10	★★★	0.15
070006	嘉实服务增值行业	4.9960	-16.63	-17.26	-9.40	6.26	★	0.15
288002	华夏收入混合	4.6350	3.15	5.05	18.53	48.97	★★★★★	0.15
260104	景顺长城内需增长混合	4.4450	-4.17	-5.41	-5.09	11.58	★	0.15

续表

定投代码	定投产品简称	单位净值（元）	近1年收益（%）	近2年收益（%）	近3年收益（%）	近5年收益（%）	上海证券评级	手续费（%）
590008	中邮战略新兴产业混合	4.1310	-15.98	-17.57	-2.56	—	★★★★	0.15
519692	交银成长混合	3.7696	-10.30	-9.82	1.02	22.11	★★★	0.15
377010	上投摩根阿尔法混合	3.6013	10.96	10.92	23.84	41.04	★★	0.15
110011	易方达中小盘混合	3.5456	19.46	29.23	47.84	81.52	★★★★★	0.15
519679	银河主题混合	3.5100	-4.75	-7.28	6.54	—	★★★	0.60
040025	华安科技动力混合	3.2930	2.02	12.88	32.53	90.05	★★★	0.15
040005	华安宏利混合	3.2391	-5.66	-10.85	-2.50	17.29	★★	0.15
270008	广发核心精选混合	3.1220	1.86	6.71	21.91	42.16	★★★	0.15
110002	易方达策略成长	3.1210	-4.43	-13.53	-14.44	-7.34	★	0.15
002031	华夏策略精选	3.1150	0.96	7.11	18.87	42.60	★★★	0.15

资料来源：天天基金网。

投资者如果需要办理定期定额基金投资，需要首先到营业网点申请开立基金账户，同时开办定期定额业务。若已开立基金账户，只需在日常基金交易时间携带有效证件、资金卡或银行卡到指定代销机构网点签订定期扣款协议，约定每月扣款时间和扣款金额。开户和申购可同时在代销机构的网点办理。最低购额，不同渠道对定投最低金额的限制不同，如邮行定投业务每月最低申购金额为100元，中国工商银行定投业务每月最低申购金额为200元，追加投资的差额须为100元的整数倍。而招商银行每月最低申购金额为300元。

16. 分红不断转成投资是货币市场基金的最大特征

进入2017年，以“余额宝”为代表的各类“宝宝”类产品的年化收益率虽然还在持续下降，但相对于其他理财产品的收益表现，货币市场基金由于凭借其良好的流动性和安全性俨然仍是理财届的超级大明星。货币市场基金是指投资于货币市场上短期（1年以内，平均期限120天）有价证券的一种投资基金。该基金资产主要投资于短期货币工具如短期国债、商业票据、银行定期存单、政府短期债券、企业债券等短期有价证券。货币市场基金投资的范围都是一些高安全系数和稳定收益的品种，对于很多希望回避证券市场风险的企业和个人来说，货币市场基金是一个天然的“避风港”，在通常情况下既能获得高于银行存款利息的收益，又保障了本金的安全。

货币市场基金的另一大特点是流动性强，投资者可以不受到期日限制，随时可申购，随时可赎回，赎回款在1~2日内即可到账。货币基金投资门槛远低于银行理财产品，也不必担心卖完而买不到，周末和节假日也都有收益，不留任何收益空白期，积少成多，盘活了日常生活中的闲余资金。而且从投资成本看，货币市场基金不收取赎回费用，并且其管理费用也较低，货币市场基金的年管理费用大约为基金资产净值的0.25%~1%，相比于传统的基金年管理费率1%~2.5%要低不少。

由于货币市场基金具有流动性强、收益稳定、本金安全等特征，货币市场基金通常被看作是现金等价物，并归属于流动性很强的无风险或低风险投资工具。该类产品适合资本短期投资生息以备不时之需，特别是在利率高、通货膨胀率高、证券流动性下降，可信度降低的时期，可使本金免遭损失。其实无论是股票型还是债券型基金，投资者在评价其收益水平的时候，经常使用基金净值增长率或基金累计净值增长率等指标。与股票、债券型基金不同的是，货币市场基金单位的资产净值是固定不变的，通常是每个基金单位1元货币市场基金每份单位始终保持在1元，拥有多少基金份额即拥有多少资产。投资该基金后，超过1元的收益会按时自动转化为基金份额，也就是我们常说的“红利转投资”，投资收益不断累积，增加投资者所拥有的基金份额。比如某投资者以100元投资于某货币市场基金，可拥有100个基金单位，1个月后，若投资报酬是2%，那么该投资者就多2个基金单位，总共102个基金单位，价值102元。

货币市场基金收益天天计算，每日都有利息收入，分红定期结转为基金份额。目前货币市场基金存在两种收益结转方式，一是“日日分红，按月结转”，相当于日日单利，月月复利；另外一种是“日日分红，按日结转”，相当于日日复利。赎回时，尚未结转的收益会一并转回。由于分红结转为基金份额，按照目前个人所得税法的规定是可以免征个人所得税款。

与其他基金以净资产价值增值获利不同，衡量货币市场基金表现好坏的标准是收益率水平。货币型基金的收益一般是以1万份为单位计算的，即我们常看到的“每万份基金单位收益”指标。我们还经常可以看到另一个指标“七日年化收益率”，指的是基金之前7日收益加权平均后再乘以1年天数的收益率。用这两个参数，投资者可以直观看到货币市场基金的收益水平，以作为投资选择的依据。作为短期指标，7日年化收益率仅是基金过去7天的盈利水平信息，并不意味着未来收益水平。投资人真正要关心的是第一个指标，即每万份基金单位收益。这个指标越高，投资人获得真实收益就越高详见表15。

需要说明的是，货币市场基金也存在A、B类之分，两者的主要区别在于投资门槛。一般来说，A类基金的起投金额为1000元，B类的起投金额在百万元以上。从收益上看，B类收益要高于A类一些，普通投资者适合选择A类基金，但A类基金的销售服务费率会高于B类基金。

经过了市场的长期培育和各种理财方式的相互浸透，货币

表15　　截至2017年6月3日国内部分货币型基金概况及收益情况

序号	基金代码	基金简称	2017年6月3日		2017年6月2日		成立日期	手续费
			万份收益（元）	7日年化收益率（%）	万份收益（元）	7日年化收益率（%）		
01	000856	上投摩根天添盈货币B	2.3556	4.4350	1.0226	3.6840	2014年11月25日	0费率
02	000855	上投摩根天添盈货币A	2.2898	4.1840	0.9569	3.4360	2014年11月25日	0费率
03	000325	华润元大现金收益货币B	1.8824	3.4590	0.7829	2.9300	2013年10月29日	0费率
04	000324	华润元大现金收益货币A	1.8168	3.2200	0.7175	2.6900	2013年10月29日	0费率
05	128011	国投瑞银货币B	1.4992	4.6490	1.4390	4.3110	2009年1月19日	0费率
06	121011	国投瑞银货币A	1.4345	4.3950	1.3720	4.0580	2009年1月19日	0费率
07	040038	华安日日鑫货币A	1.3273	4.2450	1.1151	4.0790	2012年11月26日	0费率
08	320019	诺安货币B	1.2927	5.6670	0.9572	5.4770	2012年2月21日	0费率
09	213909	宝盈货币B	1.2607	3.9640	1.3617	3.7810	2009年8月5日	0费率
10	320002	诺安货币A	1.2426	5.4430	0.9060	5.2440	2004年12月6日	0费率
11	004217	兴业安润货币B	1.1961	4.4320	1.1903	4.4080	2017年1月6日	0费率
12	213009	宝盈货币A	1.1951	3.7130	1.2952	3.5310	2009年8月5日	0费率
13	620011	金元顺安金元宝货币B	1.1741	4.2790	1.1855	4.2200	2014年8月1日	0费率
14	002760	东兴安盈宝B	1.1723	4.2770	1.1666	4.2820	2016年6月3日	0费率
15	210013	金鹰货币B	1.1702	4.1930	1.0712	4.2060	2012年12月7日	0费率
16	161623	融通汇财宝货币B	1.1626	4.2130	1.1179	4.2190	2013年3月14日	0费率
17	003468	富荣货币B	1.1600	4.0640	2.7852	3.6900	2016年12月26日	0费率
18	004216	兴业安润货币A	1.1594	4.1990	1.1279	4.1590	2017年1月6日	0费率
19	004568	长城工资宝货币B	1.1569	4.3380	1.1680	4.3220	2017年4月20日	0费率
20	340005	兴全货币A	1.1503	4.1580	1.1202	4.1660	2006年4月27日	0费率

资料来源：天天基金网。

市场基金也在不断的改变和创新，在集中推出“T+0”赎回业务和交易型货币基金后，货币市场基金还推出了购物支付、还款还贷、跨行转账等另类功能，发展出了新的模式。第一种模式是目前市面上最常见的传统开放式货币基金，特征是赎回时间“T+1”或者更久，有投资门槛（一般1000元以上），申购赎回比较麻烦，一般有管理费。第二种模式就是以余额宝为代表的各种互联网宝宝们，比起传统货币基金，更多的是在营销渠道上的创新，流动性更好，余额宝等在自家平台可以直接消费；余额宝大额（5万元以上）赎回“T+1”。大多数产品不设投资门槛，购买更方便，不需要去银行签手续，无管理费。第三种模式以中信银行“薪金煲”为代表，这类基金第一次需要去银行柜台签约，但后续跟各种宝宝差不多。薪金煲业务开通之后，客户需要设定一个不低于1000元的账户保底余额，账上“保底余额”之外的活期资金将每日自动申购货币基金。而当需要使用资金时，会自动实现货币基金的快速赎回，流动性等同于活期存款，其作用相当于将活期存款的利率货币基金化了。

投资者在众多的货币市场基金中进行选择时应注意下几点：首先是尽量选择规模相对较大，业绩长期优异的货币基金进行投资，作为现金管理工具，货币基金每天都要应对频繁的申赎，规模越大，越能平滑资金进出造成的冲击，越能更好地控制流动性风险，使收益稳健。其次是要挑选一直以来收益率比较稳定的维持在较高水平的公司。各基金产品虽然设计比较相近，但由于管理能力不同，会有不同的表现。第三是要选择适当的基金产品线。在股市行情不好时，投资者可利用货币基金安全地规避投资风险，待股市投资机会来临，可以利用将来的基金转换功能，提高投资收益。因此，建议选择产品线完善的基金公司产品。最后，投资者应该注意的是，货币市场基金具有安全性高，流动性强的特点，比较适合打理活期资金、短期资金或一时难以确定用途的临时资金，是一种现金管理的工具。如果长期投资的话，其收益率并不占优势。如果您持有的是1年以上的中长期不动资金，还是建议选择国债、人民币理财、债券型基金等收益更高的理财产品。

17.
黄金只是避险工具

还记得2013年4月15日，黄金价格一天下跌20%，大量中国民众冲进最近的店铺抢购黄金制品，一买就是几公斤，他们被称作抄底黄金市场的“中国大妈”。“中国大妈”由此成为当时最热的词汇之一。2013年4月，华尔街在美联储的授意下开始做空黄金，国际金价一路走低，就在国际投资客们都不敢接手的时候，半路杀出一群“中国大妈”，1000亿元人民币，300吨黄金瞬间被扫，无论是具有投资价值的金条还是几无投资价值的金饰，都被“中国大妈”一抢而空。多空大战中，世界五百强之一的高盛集团率先举手投降。在这场黄金阻击战中，“中国大妈”完胜华尔街的高管们。然而就在大妈们沉浸在胜利的喜悦中时，意外的事情发生了：黄金继续暴跌不止，“中国大妈”开始忧愁了：因为他们被彻底套牢。作为投资者，是否该持有黄金呢？

黄金具有耀眼而美丽的光泽、良好的延展性和高密度等特性，自然稀少，可以永久保存。在可考的人类五千多年文明史中，没有任何一种物质像黄金一样，在各时期都是人们的宠儿，成为悠久的货币的载体、财富和身份的象征。作为一种特殊的商品，黄金具有商品、货币和金融三重属性。由于黄金美丽的光泽和良好的物理属性，一直是人们钟爱的装饰品和收藏品原料，也是工业和高技术领域的重要材料。然而，黄金真正受宠的原因，则是源于它的货币属性。马克思在《资本论》中说，金银天然不是货币，但货币天然是金银。黄金作为货币的历史已有 3000 多年。从英国最早实行金本位制度，到 1945 年 1 盎司黄金兑换 35 美元的布雷顿森林体系建立，黄金一直在国际货币体系中充当重要的角色。尽管现在黄金已经退出了货币的舞台，但它仍然是各国央行外汇储备中的重要部分，起着支持法定货币的发行、维护币值和汇率稳定的作用。从表 16 可以看出，世界官方黄金储备前 20 位国家、地区和国际组织的数量就高达 27381 吨。黄金被认为是世界上继美元、欧元、英镑、日元之后的第五大公认结算手段。

自从我国放开黄金管制以后，不仅商品黄金市场得以发展，金融黄金市场迅速地发展起来，黄金作为一种公认的金融资产开始活跃在投资领域。黄金之所以可以避险，是因为黄金价值是自身所固有的和内在的，资源稀缺，价值稳定，是众多投资工具中唯一不以国家或公司信誉和承诺为条件而变现的资产。黄金世界上公认的财富形式，投资的税收负担较小，产品的变现性好。经济学家凯恩斯指出："黄金在我们的制度中具有重要的作用，它作为最后的卫兵和紧急需要时的储备金，还

表16　截至2017年1月WGC公布世界前30位国家、地区和国际组织官方黄金储备统计数据

排名	国家、地区或国际组织	数量（吨）	黄金占外汇储备的比重（%）	排名	国家、地区或国际组织	数量（吨）	黄金占外汇储备的比重（%）
1	美国	8133.5	74.2	16	沙特阿拉伯	322.9	2.2
2	德国	3377.9	68.1	17	英国	310.3	8.5
3	IMF	2814.0		18	黎巴嫩	286.8	20.1
4	意大利	2451.8	67.2	19	西班牙	281.6	16.7
5	法国	2435.8	63.9	20	奥地利	280.0	44.9
6	中国	1842.6	2.2	21	哈萨克斯坦	254.7	32.4
7	俄罗斯	1615.2	15.6	22	比利时	227.4	36.2
8	瑞士	1040.0	5.8	23	菲律宾	196.3	8.8
9	日本	765.2	2.4	24	委内瑞拉	188.9	62.4
10	荷兰	612.5	63.1	25	阿尔及利亚	173.6	5.2
11	印度	557.8	5.7	26	泰国	152.4	3.3
12	ECB	504.8	26.3	27	新加坡	127.4	1.9
13	中国台湾	423.6	3.6	28	瑞典	125.7	8.1
14	土耳其	396.5	13.1	29	南非	125.3	10.2
15	葡萄牙	382.5	57.2	30	墨西哥	120.6	2.6

没有任何其他的东西可以取代它。”黄金储备一向被各国中央银行用作防范国内通货膨胀、调节市场的重要手段。而对于普通投资者来说，投资黄金主要是抵御通货膨胀，达到保值的目的。图1是俄罗斯、土耳其、墨西哥、印度和中国5国2000—2017年黄金在总储备中占比重的变化数据。

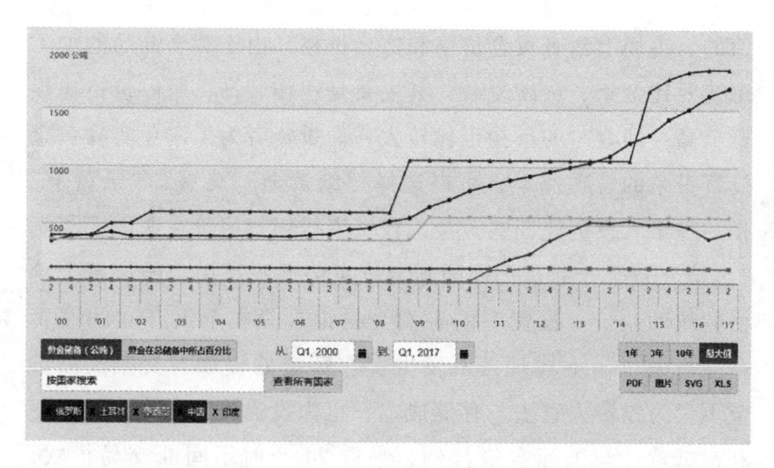

图1　俄罗斯、土耳其、墨西哥、中国和印度五国黄金在总储备中占比重2000—2017年变化数据

目前，我国黄金市场上常见的有投资金条、金币和黄金饰品等实物黄金投资品种和纸黄金业务、黄金期货、黄金T+D、黄金类上市公司的股票、黄金ETF基金等账面黄金投资品种。投资金条包括金砖、金块、金条、金锭、金片等形式，金条本身并无任何特别昂贵的铸工和设计费用，所以是黄金投资中最稳健的黄金商品。投资金币有两种，即纯金币和纪念性金币。纯金币的价值基本与黄金含量一致，价格也基本随国际金价波动。纪念性金币主要为满足集币爱好者收藏，投资增值功能不大，但其具有变现能力强和保值功能，所以仍对一些收藏者有吸引力。精美的黄金饰品对于喜爱金饰的消费者来说更具备吸引力，但是对于专业投资来讲，购买黄金饰品是不具备投资价值的。市场上常有黄金价格和饰金价格，由于黄金饰品的加工工艺要比金条、金砖复杂，其主要是用作装饰，所以价格比投资金高，回收时的折扣也比较大，而投资者为了避免实物黄金投资带来的管理成本，可以选择“纸黄金”交易。“纸黄金”是一种个人投资凭证式黄金，投资者按银行报价在账面上买卖“虚拟”黄金，通过把握国际金价走势低吸高抛，赚取黄金价格的波动差价。投资者的买卖交易记录只在个人开立的“黄金存折账户”上体现，不发生实物黄金的提取与交割。纸黄金不仅为投资人省去了存储成本，也为投资人的变现提供了便利；纸黄金与国际金价挂钩，采取 24 小时不间断交易模式，为上班族的理财提供了充沛的时间；纸黄金采用“T+0”的交割方式，当时购买，当时到账，便于做日内交易，比国内股票市场多了更多的短线操作机会。目前，主要银行都开通纸黄金交易，如中国工商银行、中国银行、中国建设银行、招商银行、中信银行等。黄金期货，是指以国际黄金市场未来某时点的黄金价格为交易标的的期货合约，投资人买卖黄金期货的盈亏，是由进场到出场两个时间的金价价差来衡量，契约到期后则是实物交割。目前上海黄金交易所开始进行上市黄金期货交易。黄金 T+D 是指由上海黄金交易所统一制定的、规定在将来某一特定的时间和地点交割一定数量标的物的标准化合约。黄金 T+D 的特点是以保证金方式进行买卖，交易者可以选择当日交割，也可以无限期的延期交割。表 17 为黄金投资品种交易相关信息数据。

表 17　　黄金投资品种交易相关信息数据表

交易品种	纸黄金	黄金期货	黄金 T+D	m 黄金 T+D
交易单位	10 克	1000 克/手	1000 克/手	100 克/手
交易时间	24 小时不间断	上午 09:00~11:30 下午 13:30~15:30 晚上 21:00~02:30	上午 09:00~11:30 下午 13:30~15:30 晚上 21:00~02:30	上午 09:00~11:30 下午 13:30~15:30 晚上 21:00~02:30
交易保证金	全款	12%	17%	17%
交易手续费	0.4 元/克 15‰	2‰	8‰	8‰
交易递延费	无	无	不固定 (万分之二点五/日)	不固定 (万分之二点五/日)
交易方向	单边（做多） T+0 制度	双边（做多和做空） T+0 制度	双边（做多和做空） T+0 制度	双边（做多和做空） T+0 制度
交割方式	只能卖出	平仓或者实物交割	平仓或者实物交割	平仓或者实物交割
交易场所	银 行	上海期货交易所	上海黄金交易所（各银行代理）	

几十年来，世界黄金产量以平均每年 1.8% 的速度递增，但从 2001 年以来，产量以每年 1.3% 的速度递减，然而金价却在同期以超过 10% 的速度上涨。由于黄金独特的货币和金融属性，影响黄金价格变动的因素除了黄金本身的供求因素外，还受到国际地缘政治形势、国际经济形势、国际金融形势和国际投资形势等因素的影响。当国际地缘政治形势恶化，国际上通货膨胀严重，全球经济金融危机、全球经济下滑等情况发生时，现金为王的氛围弥漫，一般会导致全球范围内黄金价格的上涨。但从长期看，黄金价格的走势与美元密切相关，并

呈负相关关系。一般在黄金市场上有美元涨则金价跌，美元降则金价扬的规律。如图 2 当美国国内经济形势良好，美国国内股票和债券将得到投资人竞相追捧，美元表现坚挺，投资者会把黄金抛掉拿美元投资，黄金作为价值贮藏手段的功能受到削弱；当美国发生通货膨胀、股市低迷时，美元贬值，黄金的保值功能又再次体现。在经济不景气的态势下，由于黄金相较于货币资产更为保险，导致对黄金的需求上升，金价上涨。当美国经济持续好转，黄金价格就持续下跌。

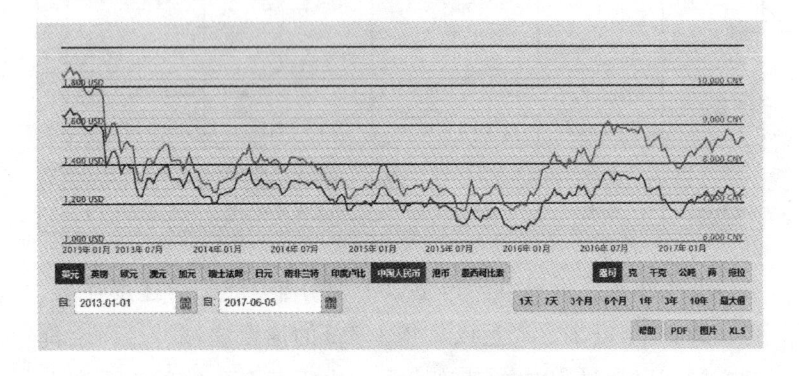

图 2　2013 年 1 月—2017 年 6 月国际金价走势
折合美元和人民币价格统计图

“中国大妈”抢金被套事件中，由于投资者在投资前没有充分了解黄金价格走势的影响因素并做出理性判断，盲目跟风，最终导致了投资的失败。事实上，在所有投资类型中，黄金投资主要起到分散风险和抵御通胀的作用，因此黄金投资在家庭资产中所占的比例不宜过高，一般来说 10% 左右就足够了。

如果对黄金投资的属性并不了解的话，不妨试一试熊猫金币的投资，虽然在一些年份里价格表现略有不足，但由于价格波动幅度较小，其安全性要比黄金有保障许多。特别是熊猫普制金币作为世界范围投资性金币，在收藏投资群体中影响很大。熊猫金币自 1982 年正式发行后，每年发行未曾间断，迄今已有 35 个春秋。熊猫普制金币与其他国家发行的投资金币固定图案有所不同，其背面大熊猫图案每年更换，多姿多彩的图案变化，使其极具观赏价值。因此，除投资价值，熊猫金币也兼具较高收藏价值。一些收藏投资者买入熊猫金币后，却不知该如何进行变现。在卖出以前，首先要知道自己手上的是哪种"熊猫金币"，不同的熊猫金币，由于价值不同，变现方法可能有一些不同。从大的方面来讲，熊猫金币可简单地分为熊猫普制金币和熊猫精制金币，前者如每年发行的熊猫普制金币，后者如熊猫金币逢 5 年、逢 10 年份发行的熊猫纪念金币。现在中国人民银行每年在发行熊猫普制金币时，会同时发行熊猫精制金币。另外，熊猫加字金银纪念币已发行很多品种，熊猫加字金银纪念币虽然质量也是普制，但从主题、发行量、发售方法等要素去衡量，与中国人民银行每年发行的熊猫普制金币有很大区别。收藏投资者要知道自己的"熊猫金币"是哪一类熊猫金币，分清类别，才能够在变现时不吃亏。目前，熊猫金币变现主要有以下这些渠道：首先，是回购渠道。中国金币总公司从 2013 年 9 月 17 日启动熊猫普制金币回购，熊猫普制金币官方回购需经过填单、检验、称重、封存、计价、付款等步骤。熊猫普制金币在铸造过程中会有一定误差，但只要在规定误差范围内，中国金币总公司会根据盎司计价回收，并不按实际克重计价。例如 1 盎司是 31. 1035 克，但在实际回购过程中，如果出现 31. 1032 克或 31. 1030 克等情况，中国金币总公司将统一按照 1 盎司等于 31. 1035 克的重量计价回购。其次，是邮币卡市场变现。收藏投资者可到邮币卡交易市场，将持有熊猫金币卖给大币商。收藏投资者应先了解自己的熊猫金币值多少钱，免得吃亏，如果币商以品相不佳等借口压价，也要提前知道自己的熊猫金币品相到底如何。第三，是邮币卡电子盘售出。如果有批量货源，到邮币卡电子盘去变现是不错的选择。熊猫金币能否到邮币卡电子盘变现，决定权并不掌握在自己手中，要关注邮币卡电子盘的托管公告以及具体托管要求。现在网络交易发达，通过一些网站也能将熊猫金币卖出。第四，是拍卖渠道。如果持有的熊猫金币价值比较高，可以考虑通过拍卖渠道变现。收益相当可观。

在变现过程中，熊猫金币持有者必须注意以下方面：其一，一些早中期熊猫普制金币其价值已大为提升，部分熊猫金币品种比较少见，价格高昂。对于这些熊猫普制金币，不要等同于近年发行的熊猫普制金币。我国早年发行的熊猫金币销售对象基本都在国外，当年发行量比较有限，经过几十年消耗，不少熊猫普制金币得价格已经非常昂贵，比如 1995 年版熊猫金币和 1998 年版熊猫金币。其二，不管是邮币卡实物市场还是邮币卡电子盘市场，当市场行情火热时，不但容易变现，而且变现价格也令持有者满意；而当行情趋于平淡甚至行情低迷时，变现难度会随之增加，那些近年发行的熊猫普制金币，往往只能卖个金价。其三，近年发行的 30 克熊猫金币（原先 1 盎司规格），对国际市场黄金价格涨跌比较敏感，在黄金价格大幅上涨时卖出最佳。

18.
买房子也是一种理财

虽然2017年伊始的国内房地产市场仍旧受到政策打压显得非常冷清，但几轮价格沉浮，人们对房地产的认知只能是更加成熟了。国人对房子的认知，满足居住后更多一层的是投资性质，换句话说就是升值赚钱，而且是赚更多的钱。几年间房价的涨幅实在是太诱人了。但很多人认为房产投资离自己的生活很远，或者虽然想投资房产挣钱，但因能力、信息的原因不知道如何着手。最近几年，很多人发现即使有政策约束，但房价涨得越来越高，而且不断听说有人因为“炒房”而成为百万富翁、千万富翁的故事。其实对普通家庭来说，购房置业是必然投资选择。因此，将资金投在房产上、置业买房，在享受全新的居住生活的同时，通过正确的资金安排和交易活动，是完全可以获得额外的投资收益的，且应是目前一种稳妥的理财工具。当然，还可以说是一种快速积累财富的理财工具。

由于房产不但本身具有使用价值，而且具备保值、增值的特性。房产投资最具吸引人的地方就是置业之后，无论是自用、保值还是出租获利，或待日后升值时出售，都有利可图。房产作为一项独立的产业，有它独特的经营特点，是投资者投资房产时必须首先考虑的。

（1）资本投入非常大。与一般的理财手段相比，投资房地产是投资比较大的，无论是房屋还是土地的投资，动辄需要数万、数十万甚至上百万或更大的资金。对长期持有房产的人来说，利润回收相对也慢，当然，通过租金收入而一辈子受益，也是非常好的选择。但由于投资房产要积压数额庞大的资金，所以容易使中小投资者资金周转困难，因此对普通个人来讲，首先应考虑资金问题，同时做好投资的时间计划，以做到胸有成竹。

（2）房产投资的回报率高。土地是固定且有限的，而人口却不断持续增长，特别是城市人口的增长更是快速，因而带动房产价格不断被刷新，投资者的回报金额与其投资项目时的金额相比是差距非常大的。在北京、上海、深圳和广州等一线城市，虽然房产政策几经松紧，但近几年一套四五十万元的房屋，三两年之间可以升值到一百多万元已经不足为奇。2012年以前，若您在一线城市用100万元作为三成首付款，以按揭方式购入房屋，可以购买价值300余万元的房屋。而到现在出售可以轻松赚取200余万元，等于成本的两倍。有不少个人投资者在房产交易中大发其财，获得巨额财富。当然，您投资的城市地段是否有投资潜力和升值空间非常重要。

（3）房屋耐用且容易变现。房产投资有其他投资方式所不具备的优点，那就是安全持久耐用。一套房子在没有天灾人祸的情况下可以保持数十年至数百年，而土地的价值也不会因世事变迁而消失，它是恒久永存的。但房产交易不像普通商品那样可以轻易脱手，也不像股票那样可以带入金融市场随时交易变现。这就要求在投资房产时，要把这些特点都考虑进去，使自己的投资计划和决策更加可行，减少不必要的损失。房屋变现目前并非难事，您可以将房子抵押给银行来获得现金，也可以向典当行获得资金支援。目前二手房交易非常活跃，只要价格适中，一般房屋在两三个月内都可以正常被卖出去。

（4）收益大、风险小。如果您以较低的价格购买了一处房产准备自用，随着经济的持续稳定发展，在不知不觉中，您的房产正在不断升值；如果您将购置的房产用于出租，不仅可以收回一部分资金，还可以坐享房产升值带来的收益；至于炒卖房产，当然会因市场价格的涨落而面临损失的危机，但如果能够转为长线投资，找一个可靠的客户将房产租赁出去，将来一定可以取得相当客观的收益，而且租金收入又可多少降低一些风险损失。房产非常适合作为个人财富充分保值的工具及手段。另外，在市场经济的条件下，拥有一定的房产也是个人财富的标志，且促使投资者争取到一定的社会位置。

虽然房产投资有多种优势，但与其他投资项目一样，房产投资也存在着风险。要投资房产，首先应谨慎行事，增加自身的风险意识，把风险降到最低程度，以获得最大收益。从近几年房产市场价格的风云变化来看，主要集中在以下几个方面：

（1）时势风险。主要是因为国内外的社会形势、政治时局、战争等因素而引起的房产投资风险。在中国目前的形势下，这种风险是非常小的。当然，一旦出现这方面的情况，譬如发生战争，不论您投资什么，风险都一样巨大。所以，就目前的情况来说，投资者可以基本不考虑此类问题的存在。

（2）政策风险。政策风云的变化使得许多投资者对房产价格和房产交易的现状有着多次的领教。政策风险是主要指国家现行的经济税收政策，特别是税收政策，它直接影响房产的收益，投资者必须了解不动产税收政策，并确实负起责来。目前国家关于房地产调控的政策已基本明朗，应该说只是减少收益，总体影响不大。投资者只要了解并掌握了有关法律制度，风险就是可以避免的。

（3）经济风险。经济风险主要涉及了市场风险、财务风险和利率风险。其中，市场风险是指投资者对市场供需关系的错误估计而形成错误决策造成风险损失金额。随着房屋商品化的推行和房产信用关系的发展，在房地产交易中，客户常采用分期付款的方式来买楼。如果因购房者财务状况恶化而长期拖欠楼款，而影响卖方投资回收的情况，这需要投资者在房地产交易时注意买方的资信状况和财务情况，以避免财务风险。

（4）利率风险。市场利率发生变动时，房产的价值也会发生变动，利率所带来的风险有两方面：一是对购房出租者来说，假如银行利率在短期升至极高水平，则会令到期存款比购房出租更有利可图。二是如果投资者的部分资金是向银行抵押贷款取得的，假如贷款利率上升，则投资者要负担的贷款利息就会增加。这种风险从理论上将比较难规避的。但我们目前的现实是，中国的利率水平已经是很高的了，但是房地产的投资收益仍然远远高于利率水平。国家已经很难再大幅度地提高利率了，否则整个人民币会面临更大的金融风险。

目前银行储蓄的收益高低取决于利率的高低，利率虽然放开，但受诸多因素的制衡，常常维持在相对平衡的低水平，利息收入也极有限。国债曾是很多人喜欢的投资方式，但其收益是十分固定的。而将一笔钱用于房地产投资，则有可能在一年或几年后房价成倍的增长，即使用于出租，房地产的收益也远高于银行储蓄。若以房产投资与股票投资相比，由于股票二级市场的存在，股票的转手买卖使股东能够把投资与投机相结合运用，股票市场的短线和长期炒作可以给股东带来丰厚的利润。就安全性而言，房产投资要远远高于股票投资。目前，被股市套牢的投资者不计其数，有些股民亏得血本无归。而房产有其独特的行业特征，从长期看必然房屋价格呈现不断上升的趋势，会给房产的长期投资者带来丰厚的回报。

中小投资者可选择的住房投资的方式，并非只有买房出租一种方式。在目前的良好投资环境中，应该选择的投资方式有以下几种建议：

（1）直接购房。这是住房实物投资的方式。是投资者用现款或分期付款的方式，直接向房产开发商购买住房，装修后出售或出租，以获得投资回报。是一种传统的投资方式，也是迄今为止住房投资者最常用的一种方式，相对来说风险较小。即便不能很快出售获利，出租收益也比较可观。按照目前的平均收益率计算，至少相当于银行储蓄收益的两到三倍。

（2）以租代购。这是在我国南方比较流行的一种售楼方式，即开发商将空置待售的商品房出租，并与租户签订购租合同。若租户在合同约定的期限内购买该房，开发商即以出租时所定的房价将该房出售给租户，所付租金可充抵部分购房款，待租户交足余额后，即可获得该房的完全产权。由于不需交纳首付款，即住即付，每月交纳一定的租金即可入住新居。对希望购买住房的中低收入家庭而言，通过这种投资方式购买住房是一种比较好的选择，而且在租期内亲自入住有利于及时发现住房质量问题，待感到满意时再购买，可避免因住房质量问题自找麻烦，使投资蒙受巨大亏损。

（3）以租养贷。投资者交纳首期房款后，通过贷款支付所购房产的价格，然后将所购房产出租，并用每月的租金来偿还银行贷款，当还清贷款并收回收付款后，投资者就完全拥有了这套住房的产权。我国多年来的经济运行数据表明：零售物价的上涨速度要高于银行贷款利率的上涨速度，且在它们之间由于有一个市场的传导效应过程的存在，因而商业银行根据平均物价水平变化来调整银行存贷款利率的时间通常会慢一些，即不会立即做出反应。而且贷款利率是合同利率，即使商业银行调整放贷利率水平，也要受相关合同条款的制约。因而贷款买房即使是有利息的存在，实质上也可以看作是投资者花费少量的钱即可拥有自己的房屋，而且随着还贷期限的逐步延长和物价持续上涨的作用，投资者在贷款后期的还款压力会越来越小。况且将房子买下来后并无居住需要时是可以将其出租出去并获得不低的租金收入的。以租养贷投资方式不仅适用于年轻人，进入中年且事业有成的投资人群，不妨也可以试一试。

（4）“炒楼花”。“楼花”一词最早源自中国香港地区，是一种投资工具不动产期货，是指一些尚未竣工的地产发展项目，在施工阶段就推向市场上销售。“炒楼花”的投资者在期房阶段以较低的价格购入期房，到现房阶段即刻将其售出，并获得从期房到现房的溢价收益。而且从国内的房产投资市场来看，从购买“楼花”到房屋建成一般需要一到两年时间。期间只要没有政府限购令的突然出台，房价通常肯定会上涨。在北京、上海、广州、深圳存在着巨大刚性需求的条件下更是如此。我国海南省自20世纪90年代开始活跃着大大小小各种炒家，大者动辄数千万元甚至上亿元资金。“炒楼花”的所得要比在银行储蓄存款的收益要多出好几倍，其稳定性要比股票的波动小得多。但市场也有很难预料的事件发生，历史上曾经出台过的限购、提高贷款门槛、征税政策曾让许多投资房产的人心有余悸。国家房地产投资的大形势下，洞悉住房价格的走势是投资房产获利的主要问题。2006年，中华人民共和国住房和城乡建设部规定房子必须封顶才能买卖，“炒楼花”热潮开始逐步降温。但就目前来看，我国法律并未就“炒楼花”作出禁止性规定，而随着国家房产买卖政策的时松时紧，投资者还是可以寻觅到“炒楼花”的投资空间。

抓住房产的买入时机是投资成功的关键所在。投资房产的人需要对市场及该房产做出全面的判断，如果认为当前价格较低，而未来的经营会很乐观；或考虑到自己的整体投资计划时，就可以选择恰当的时机买入。房产刚开发时期，由于人们对该地区房产价值缺乏足够的认识，因而其价格往往受到压抑，其实际价格低于市场价格，同时人们的购买力并未转入该地区的房产市场，所以需求者相对较少；而另一方面开发商又急于收回所垫付的资金，会以较低价格出售。随着人们在此地区的购买需求增加，同时随着开发进程的加快，势必会推动房产价格大幅上涨。同样，当经济萧条期出现时，人们的购买力下降，房产的需求也随之减少，这样促使房产价格下跌。随着萧条期的结束和经济形势的逐渐回暖，人们的购买力增强，从而对房产的需求有所增加，促使房价上涨。即使在通货膨胀下，由于人们都在寻求保值商品，因而纷纷抢购房产商品，会更加促进房价上涨的速度。

房产投资容易犯的错误大家要警觉。一是警惕夸大的广告。特别是在报刊、电视、广播或利用名人猛打广告，易使投资者产生错觉而盲目抢购，或者将过高的宣传费用转嫁到房价上面。二是要注意产权是否清楚，翻阅楼盘开发销售的官方手续和证件，防止日后惹上扯不清的官司。目前有兴趣的房产投资人，最好能事先到现场查看。买房子自己住要留意周围环境，其实购屋用来投资也不应忽视现场察看工作。尤其在今天，人们越来越重视环境因素。建筑标准完全一样的房屋，环境越好，房屋升值潜力越大。从目前的购房官司来分析，对想买办公楼出租以赚取投资利润的人而言，最好能略具阅读建筑工程图纸的知识。钢筋混凝土的大厦，不是专家很难由外观判断建筑工程的优劣，而建筑物结构体的施工的精度，与耐用年数息息相关，绝不容忽视。最后嘱咐大家的就是后续服务是否优质。投资房产后，要注意后续的维护管理服务水平。房租收取是否方便，建筑物的外立面是否能够定期清洗，居住的私密性是否有足够的保障、环境是否整洁怡人都是房产价格能否升职的重要因素。

19.
房子赚钱要看“风水”

谈房产投资的“风水”并非在向大家布道封建迷信，其实谈的是房产投资中的选房问题，即“炒房”中的选房原则和选房技巧。房产投资是指以房产为对象来获取收益的投资行为。投资房产的对象按地段分有投资市区房和郊区房的区别；按交付时间分有投资现房和期房的区别；按卖主分有投资一手房和二手房的区别；按房产类别分又有投资住宅和投资商铺的区别。现实中的投资者往往同时面对多种投资机会，虽然各个投资机会的即期支出相对容易确定，但是它们的未来收益却是难以确定的。投资者在决策之前往往还会发现，虽然诱人的机会常常不只一个，但投资者可利用的资源却总是有限的。投资者需要有一种方法能够对各种投资方案进行评估，帮助其在存在各种限制条件的前提下，研究可承受的风险、判断资产流动性、思考投资组合平衡，以及预判可能来自行政机关的有关限制条件，使所选择的投资项目获得最大的效益。

房产投资对象具有固定性和不可移动性，投资决策是否成功对房产投资非常重要。从几轮的国家房产政策的调整来看，往往不幸的消息都发生在房价持续性大涨的大盘之中，且对投资者的信心打击非常大。但综观整个房产市场的发展历史，房价的持续性上涨趋势是基本没有改变的，一线城市购房置业的刚性需求也是从来没有出现过松动的迹象，而改善性的购房需求也是在近两三年内持续升温不断。过去房产市场的信息忽左忽右，有的时段评说有大批的房子空置卖不出去、有的时段又评说买房产买到几乎疯狂，许多投资人都有不知所措且被蒙在鼓里的感觉。其实弄清这个问题也并非难事，房子是商品，自然要受市场交易规律的左右。房子紧缺时价格自然会升高，想拦也拦不住，房子积压时自然价格也卖不上去。如果您到中国香港旅游，导游常会谈起北京市昌平区的天通苑房地产项目2001 年开始售卖时只有每平方米 2650 元的价格，当时可谓是昼夜排队抢购，而该项目 2015 年已经升到每平方米 20000 元。虽仍属于北京低价，但 15 年间的升值率平均达到了 44% 的水平。作者几次去中国香港探亲时，都与中国香港的投资者热谈此事，且投资意识极强的当地人都后悔没有抓住投资天通苑房产的机会。中国的 GDP 还在不断增长，国人的收入水平也在持续增长，改善居住条件恐怕还是未来几十年内的热门话题。保守地讲，投资房产发生亏损的概率至少在 10 年之内的一线城市是非常低的。但选什么样的房产作为投资对象可是有讲究的，这还真有点看“风水”的味道。投资房产的主要目标是获利而不是自己居住。因而自己居住选房的标准与投资选房的标准是两种完全不同的价值考虑。

虽然二手房交易的成本有越来越高的趋势，但是购买二手房的大量涌入者主要是为了孩子能够上重点学校而进行的房产投资，因而二手房特别是学区房一直是房产交易市场的投资热点之一，即使是中国香港、中国澳门、中国台湾及新加坡等周边国家和地区也有这样的规律，要想上好学校，先提前在其周边买房置业。购买学区房既可以满足孩子的优质学校需要，等到孩子毕业后再将其卖出又能赚钱，这是很多学区房投资者的投资逻辑。当然在置业阶段就有意识地选择学区房进行购买也不失为聪明的选择。二手房的另一个投资选择点是尽可能地选择有拆迁改造可能的老城区二手房，这里的房屋一旦拆迁，投资者会得到一笔不菲的拆迁费或者与拆迁费等值的房屋，投资此类房产可以避开房屋再次交易的高额成本。而且老城区的房屋虽然老旧，但有一个好处就是极易出租。虽然租金不一定会很高，但是年回报率至少也在3%以上，保值的作用非常明显。

国家近几年着力打造哪个区域的经济，您就可在这个区域内选择未来发展前景好的地方，在房价还没有上涨多少之前先下手投资，一旦这个区域经济得到飞速发展，居住人口也就随着增多，房价哪有不涨的道理，并且这里的房产上涨幅度会远远超过早已成熟的大中城市。20世纪80年代深圳的房价与今天深圳的房价简直是不可同日而语。而20世纪90年代的海南房产市场受政策忽左忽右的影响，烂尾楼几乎是遍地开花，花上百万元就可买下一座大厦屡见不鲜，就连当时的房地产开发商都在急于甩货出逃。但自海南经济特区政策的逐步落实，海南的房价也开始在政策的支持下轮番提升，目前其房产投资的收益不言而喻了。

房产投资最大的不确定性就是年限，所谓“夜长梦多”。多久后才开始拆迁，或者这个地区何时规划进入发展的特区，投资者一定要有一个长时间的思想准备。但是在选择具体区域上就要看个人的眼光了，在一定程度上运气成分可能会更重要、更突出一些。房产界有一句几乎是亘古不变的名言就是：第一是地段，第二是地段，第三还是地段。房子在一定时期内的建造成本相对固定，并不会引起房产价格的大幅动荡。但作为不可再生资源的土地资源其价格却是不断翻腾向上的，房产价格的上升多半是由于地价的上升造成的。在一个城市中，好的地段十分有限，因而更具有保值升值潜力。在好的地段投资房产，虽然购入价格可能相对高些，但由于其比别处有更强的升值空间，因而获得的回报也最可观。另外，一个城市核心区域的转移信息也是非常重要的投资决策因素。有一段时间，盛传北京的政治行政资源将向北京市通州区进行转移，因而通州的房价上涨得非常之快。有一个笑话，说一个小伙子在通州城关区刚刚看好一套房子并谈好了价格，但他由于内急去了趟卫生间，回来之后这套房子的价钱就又涨了不少。小伙子只能按照新的价钱结账。政府的相关信息最值钱最有价值。慈禧当年卖国求荣时，西洋人要在上海建个租界，有个犹太人哈同就开始捉摸了：如果慈禧同意洋人建租界会建在哪里？哈同后来在上海滩一带通过贷款购置大片的地产和建筑。等到洋人把建租界的指标拿到手里并打算开始建设租界时才发现，租界的主人早已换成一个从来都不知道的哈同了。哈同靠炒房地产赚了大钱，成了那个时代上海滩上最风光的“大款”。

有相当一部分投资者对“炒”期房是非常感兴趣的。从温州来北京打工的周小姐一开始应聘到一家公司做文案，收入不低。后来一个很偶然的机会遇到了几个来北京“炒”房的温州老乡，并在闲聊中知道他们发了横财。周小姐心动了。把家里的钱动员出一部分再加上自己的钱，周小姐开始尝试在北京投资第一套房产、第二套房产……10 年过去，周小姐目前已经是拥有十多套房产的房产主了。即使是房产政策最严厉的 2011—2013 年，周小姐每月的主要工作就是收收房租。其实“炒”房产不必非常有钱，关键是您会不会调配手头的资源。期房指尚未竣工验收的房产，在香港也被称作“楼花”。开发商出售期房主要是作为一种提前收回现金的融资手段来使用，所以在制定价格时往往给予一个比较优惠的折扣。同时，投资期房有可能最先买到朝向与楼层都比较上乘的房子。况且商业银行都会在楼盘封顶的时候放贷。因而风险发生的可能性并不高。目前期房的投资风险主要是集中在中小开发商哪里，资金链断裂或者是“野鸡施工队”的作品往往是投资者蒙受损失的直接原因，需要投资者对开发商的实力以及楼盘的前景有一个正确的判断。

投资尾房目前也有赚钱的记录，但的确需要时间去验证这个过程。除非是您有了太多的闲钱放在那里找不到用武之地。

楼盘销售到收尾阶段，剩余的少量楼层、朝向或者户型不十分理想的房子。一般项目到收尾时，由于开发商投入的资本已经基本收回，为了不影响其下一步楼盘开发及资金管理工作，开发商通常都会以较低的价格来处理掉这些尾房库存。投资尾房有点像证券市场上投资垃圾股，投资者以低于平常的价格买入，再在适当机以平常的价格售出来赚取差价。尾房出手时主要是购买者遇到了房价的新一轮上涨压力，周围地段的房价已经在相当高的水平，或者买房置业的人由于特殊的原因只能在这个地区买房。投资尾房比较适合闲钱较多且耗得起时间的投资者。

家住北京朝阳的王小姐在 10 年前卖掉了自己置办的房产去美国读书打拼一番。10 年后获得优异成绩的她回国应聘到一家公司做高管。虽然薪酬待遇不算低，但她需要重新在北京置业买房字，但咨询房价时王小姐简直不敢相信，10 年前她所出售的房产价值现在比她在美国挣得钱要多出许多。目前在大城市周边的中小城市房价尚在投资的价值低洼区域，投资者把握好这个机会去投资那些极具发展潜力的二线城市的新楼盘，等到二线城市的经济发展起来的时候您的本钱早已经回来了，您的房子也涨价了。同时，在一些新建小区中，附近都建有沿街的商铺或是大型的商场店铺，而且这些店铺的面积基本都在小面积范围，比较适合进行个体经营。由于在小区内进行经营有相对固定的客户群体，因而投资这样的店铺风险是比较小的，无论是自己经营还是租赁经营都会产生较好的收益。您不妨试一试。

20.
等额本息偿还法与等额本金偿还法还贷哪种更合算

买房买车是当下许多中国人的梦想。但申请房贷后许多贷款客户都会对自己与银行签署的还贷合同感到有些困惑：等额本息偿还法与等额本金偿还法还贷哪种更合算？

等额本息还款法最重要的一个特点是每月的还款额相同，从本质上来说是本金所占比例逐月递增，利息所占比例逐月递减，月还款数不变，即在月供“本金与利息”的分配比例中，前半段时期所还的利息比例大、本金比例小，还款期限过半后逐步转为本金比例大、利息比例小。从原理上看，由于使用等额本息偿还法还贷，银行需要先收剩余本金利息，而后再收本金，所以利息在每月还款中的比例会随本金的减少而降低，本金在每月还款中的比例因而升高，但本息和总额保持不变。等额本息还款法每月还本付息金额计算公式如下：

每月还本付息金额 $=$ 本金 $\times$ 月利率 $\times(1+$月利率$)^{\text{还款月数}}\div((1+$月利率$)^{\text{还款月数}}-1)$

每月利息 = 剩余本金 × 贷款月利率

还款总利息 = 贷款额 × 还款月数 × 月利率 × (1 + 月利率)^{还款月数} ÷ ((1 + 月利率)^{还款月数} − 1) − 贷款额

还款总额 = 贷款额 × 还款月数 × 月利率 × (1 + 月利率)^{还款月数} ÷ ((1 + 月利率)^{还款月数} − 1)

等额本金偿还法最大的特点是每月的还款额不同，呈现逐月递减的状态。它是将贷款本金按还款的总月数均分，再加上上期剩余本金的利息，这样就形成月还款额，所以等额本金偿还第一个月的还款额最多，然后逐月减少，越还越少。在等额本金偿还法中，人们每月归还的本金额始终是不变的，利息则随着剩余本金的减少而减少，因而其每月还款额逐渐减少。等额本金偿还法每月还本付息金额计算公式如下：

每月还本付息金额 = 总本金/还款月数 + (本金 − 累计已还本金) × 月利率

每月偿还本金 = 总本金 ÷ 还款月数

每月偿还利息 = (本金 − 累计已还本金) × 月利率

还款总利息 = (还款月数 + 1) × 贷款额 × 月利率 ÷ 2

还款总额 = (还款月数 + 1) × 贷款额 × 月利率 ÷ 2 + 贷款额

就两种方法的计算区别举例来讲，以一套面积 120 平方米的商品房向放贷银行申请住房贷款 60 万元为例，还款期限 20 年，年利率为 6%，月利率为 5‰。用等额本金偿还法和等额本息偿还法计算出来的月还款额如下：

等额本息偿还法下每月还款金额 $=600000\times5‰\times(1+5‰)^{240}\div((1+5‰)^{240}-1)=3012.5$（元）

等额本金偿还法下第一个月还款金额 $=600000\div240+(600000-0)\times5‰=5500$（元）

等额本金偿还法下第二个月还款金额 $=600000\div240+(600000-2500)\times5‰=5487.5$（元）

从上面的基本计算结果可以看出的特征是，在一般的情况下，等额本息所支出的总利息比等额本金要多，而且贷款期限越长，利息相差越大。从两种方法适应人群的角度来看，由于等额本息每月的还款额度相同，所以比较适宜有长期正常开支计划的家庭，特别是年轻人，而且随着年龄增大或职位升迁，由于其收入会逐年递增，其每月还贷负担压力自然会越来越轻。若要是再考虑当前物价水平持续走高的实际，则说明钱的贬值速度是很快的。搞个等额本息偿还法还贷非常合算。如果这类人选择等额本金偿还法的话，贷款前期偿还压力会感觉非常大。等额本金偿还法的特点在前期的还款额度较大，而后逐月递减利息，比较适合在前期还款能力强的贷款人，当然一些年纪稍微大一点的人也比较适合这种方式，因为这类人群可能会随着年龄增大或退休时间的临近，赚取收入的能力会逐渐减少。当然，等额本金偿还法与等额本息偿还法并没有非常明显的优劣之分，大部分借款人选择时主要是根据个人的现状和需求而定的。等额本息利于记忆、规划、方便还款。现实中绝大多数人宁愿选择等额还款方式，就是因为这种方式月还款额固定且还款压力均衡，与等额本金偿还法差别也不是非常的大，况且随着时间的增长，会使资金的价值作用更加明显。当然，也有许多人经济相对宽裕，想使自己以后的生活更加轻松享受，自然会选择等额本金偿还法进行还贷。

采用等额本息偿还法进行 20 年期还款设计，若借款人贷款总额 390000 元，利息总额 357182. 19 元，累计还贷总额 747182. 19 元。等额本息偿还法下前 10 个月和最后 10 个月每月的还款明细摘录如表 18。

表 18　等额本息法下每期偿还利息及其本金计算表　单位：元

期次	偿还本息	偿还利息	偿还本金	剩余本金
01	3113. 26	2398. 50	714. 76	389285. 24
02	3113. 26	2394. 10	719. 75	388566. 09
03	3113. 26	2389. 63	723. 58	387842. 51
04	3113. 26	2385. 23	728. 03	387114. 48
05	3113. 26	2380. 75	732. 51	386381. 98
06	3113. 26	2376. 25	737. 01	385644. 97
07	3113. 26	2371. 72	741. 54	384903. 42
08	3113. 26	2367. 16	746. 10	384157. 32
09	3113. 26	2362. 57	750. 69	383406. 63
10	3113. 26	2357. 95	755. 31	382651. 32
231	3113. 26	185. 15	2928. 11	27176. 81

续表

期次	偿还本息	偿还利息	偿还本金	剩余本金
232	3113.26	167.14	2946.12	24230.69
233	3113.26	149.02	2964.24	21266.45
234	3113.26	130.79	2982.47	18283.98
235	3113.26	112.45	3000.81	15283.17
236	3113.26	93.99	3019.27	12263.90
237	3113.26	75.42	3037.84	9226.06
238	3113.26	56.74	3056.52	6169.55
239	3113.26	37.94	3075.32	3094.23
240	3113.26	19.03	3094.23	0

从表 18 中前 10 个月和最后 10 个月本息数据对比来看，等额本息偿还法下每个月的还款额度是相同的，但是本金还的较少，利息还的较多。而还款到最后一个月的时候的情况，最后一个月利息还了 19.03 元，但是本金仍需还 3094.23 元。也就是说以等额本息偿还法还款方式，前期偿还的利息占偿还金额的很大一部分，而本金根本都没还多少金额。

若采用等额本金偿还法进行 20 年期还款设计，若借款人贷款总额 390000 元，利息总额 289019.25 元，累计还贷总额 679019.25 元。等额本金偿还法下前 10 个月和最后 10 个月每月的还款明细摘录如表 19。

表19　等额本金法下每期偿还利息及其本金计算表　单位：元

期次	偿还本息	偿还利息	偿还本金	剩余本金
01	4023.50	2398.50	1625.00	388375.00
02	4013.51	2388.51	1625.00	386750.00
03	4003.51	2378.51	1625.00	385125.00
04	3993.52	2368.52	1625.00	383500.00
05	3983.53	2358.53	1625.00	381375.00
06	3973.53	2348.53	1625.00	380250.00
07	3963.54	2338.54	1625.00	378625.00
08	3953.54	2328.54	1625.00	377000.00
09	3943.55	2318.55	1625.00	375375.00
10	3933.56	2308.56	1625.00	373750.00
231	1724.94	99.94	1625.00	14625.00
232	1714.94	89.94	1625.00	13000.00
233	1704.95	79.95	1625.00	11375.00
234	1694.96	69.96	1625.00	9750.00
235	1684.96	59.96	1625.00	8125.00
236	1674.97	49.97	1625.00	6500.00
237	1664.98	39.98	1625.00	4875.00
238	1654.98	29.98	1625.00	3250.00
239	1644.99	19.99	1625.00	1625.00
240	1634.99	9.99	1625.00	0

从表19中前10个月和最后10个月本息数据对比来看，等额本金偿还法每个月还款的金额实际是在逐月递减，第1个

月压力最大，最后 1 个月压力最小。若仔细观察，我们会发现，等额本金偿还法每月偿还的本金是一样的。换句话说，随着贷款本金的逐步偿还，我们须偿还的本金数额在银行越来越少。而到了最后 1 个月的还款总额只有 1634.99 元，并且本金只有 1625 元。可见如果您在前期都把本金还得差不多了，那么等额本金偿还法下银行剩下的本金就会比等额本息偿还法下少很多，那么您一次性给银行的自然钱也就会少很多，因为给的都是剩下的本金了。

21.
众筹项目成为新的理财方式

说到天使投资，很多人认为这是有钱人玩的游戏，可是从2011年开始，一股众筹热吹遍大江南北。目前，有两项众筹创业计划在成都互联网圈子热传，每人最少投入1000元，就可以化身天使投资人成为咖啡馆的股东。但众筹听上去时髦，实际成功的却很少。在天府软件园A区，十分咖啡首席运营官王羽佳介绍，他们的咖啡馆众筹名额为40个，每份价格为20000元，众筹对象仅限于互联网圈内人士。在咖啡店的管理上，股东大会上会选举一名执行董事全面负责咖啡店的管理，而日常运营团队均来自专业咖啡馆和酒店，王羽佳称，本次众筹只是拿出部分股权进行认购，咖啡馆的控股权和重大事务决策权跟众筹对象无关。众筹计划显示，股东最重要的权益是可以独享十分咖啡提供的互联网和游戏行业资源和信息。除此以外，股东还可以获得年度分红、VIP卡、专属股东卡，以及可以享用贵宾区域，以贵宾身份参加活动。可以说，参与众筹的股东主要目的并不是赚卖咖啡的钱，而是为了赚信息和资源，同时积累行业人脉，这些对混迹于互联网圈子的业内人士来说才是最有价值的。在盈利方式上，除了咖啡、饮料和餐点外，众多的行业活动和赞助也能带来不菲的收入。而名为红娘主题咖啡厅的众筹项目是成都互联网界另一个红火的众筹项目。发起人陈昌瑞介绍，O2O 和众筹的概念正火时候，为何不将二者结合，做一个实体产品呢？陈昌瑞讲，交友资源是他们的优势，加上线上已有的大量刚需用户，做一个以红娘为主题的众筹咖啡厅水到渠成。接下来，他们开始组建运营团队，修改众筹方案和协议，为咖啡厅选址；然后，发布众筹方案，筛选股东、征集资金，做各项准备工作。而根据众筹计划，咖啡厅的资金需求为 64 万元，但只拿出 60% 股份进行认购，1000 元起投，50000 元封顶，目前已有 30 多人认购。众筹方案显示，咖啡厅的董事会共 5 人，由项目发起人以及股东选举出的代表组成。咖啡厅的日常运行交由董事会确定的专业团队负责。而如何界定股东的权责，是令每一个众筹咖啡馆头疼的问题。解决方式是让股东有参与建议权，而没有具体事务的决策权，决策权归属于董事会，陈昌瑞表示，这项规定可以避免股东意见不一导致的拖延扯皮等一系列问题。在红娘咖啡厅的众筹参与者中，以 30 岁以下的年轻人为主，大部分人认为这个项目好玩，而且出钱不多就可以当老板。其中，还有几位股东是因为单身，为更方便的交友和相亲而参与众筹。投资者之前经常参加他们的交友活动，感觉很有意思，投入的资金也不需要很多，作为一位股东，成都市民小于称，参与众筹主要是因为兴趣。对于咖啡厅的决策等权益，小于表示自己是个上班族，而且也不懂专业管理，是不是拥有决策权对自己来说并不重要。广州某游戏公司的商务负责人冯经理刚成为十分咖啡的众筹股东，我主要的工作就是在全国各地找好产品，在成都这块熟人并不多，但成都的好游戏产品不少。参加这个项目，可以认识很多本地做游戏的朋友。可以说，参与众筹项目的股东主要目的并不是为了赚钱，更多的是出于个人兴趣和工作上的得益而参与，众筹的项目短期内赚不了大钱，很难满足他们的高收益要求。

从上面的案例中是否得到这样一种解释：如果您是一名艺术家，有一部好作品；如果您是一个发明家，有一个好创意；如果您是一个创业者，有一个好项目；如果您是一名热衷公益的人，想发起公益活动，也许众筹都可以帮您实现梦想。众筹可以帮助有创造能力但缺乏资金的您让作品问世，让创意实现，让项目运营，让公益活动顺利开展。有了众筹，可以因一个共同感兴趣的项目让发起人和众多投资者成为朋友。2015年5月的一则新闻吸引了大众的眼球，一帮哈利波特粉丝发起了一个众筹项目，真的在波兰租下了一座古堡，然后改造成了传说中的霍格沃茨魔法学校！这一看似疯狂的做法意外引来众多追随者。短短3天的时间内，主办方就已募集到1.92万美元，约合人民币12万元的资金，高出预期目标38%。主办方表示，如果募集资金能达到100万美元，他们将会买下波兰的城堡，将其改造成永久性魔法学校。

众筹，翻译自国外“crowdfunding”一词，原指一种向群众募资，以支持个人或组织发起的各类行为。现代众筹指通过互联网方式发布筹款项目并募集资金，只要是网友喜欢的项目，都可以通过众筹方式获得项目启动的第一笔资金，为更多小本经营或创作的人提供了无限可能。相对于传统的融资方式，众筹更为开放，一般是通过网络上的平台连结起赞助者与提案者。能否获得资金也不再是由项目的商业价值作为唯一标准。只要是网友喜欢的项目，都可以通过众筹方式获得项目启动的第一笔资金，为更多小本经营的人提供了无限的可能。

众筹发起的门槛很低，无论身份、地位、职业、年龄、性别的限制，只要有想法有创造能力都可以发起项目，项目的类别包括设计、科技、音乐、影视、食品、漫画、出版、游戏、摄影、公益等等，项目的支持者通常是对项目感兴趣的草根民众，而非公司、企业或是风险投资人。目前众筹网、腾讯乐捐、淘宝众筹、追梦网、京东众筹等平台正在逐渐成为很多普通个人、创业者为实现自己梦想的融资平台。

众筹由发起人、支持者和连接发起人支持者的互联网平台组成。首先由筹资项目发起人利用平台展示项目的创意，并做出投资回报承诺，项目支持者在平台挑选他们感兴趣的创意项目并通过平台进行投资。项目发起人如果在预设的时间内达到或超过目标金额，项目算发起成功，发起人可从平台获得资金；如果项目筹资失败，那么已获资金全部退还支持者。筹资项目完成后，支持者将得到发起人预先承诺的回报，回报方式可以是实物和服务等。

目前主要众筹的模式可分为奖励众筹、捐赠众筹、债券众筹和股权众筹四种。其中奖励众筹在项目完成后给予投资人一定形式的回馈品或纪念品，回馈品大多是项目完成后的产品，时常基于投资人对于项目产品的优惠券和预售优先权。在国内，这种模式以众筹网、京东众筹为代表。捐赠模式，单纯的赠与行为，即创意者无需向投资者提供任何形式的回馈，投资人更多地是考虑创意项目带来的心理满足感，多用于公益众筹，目前多家众筹平台都推出了公益性的众筹项目。比如在众筹网上就发起了教育助学、青年创新、爱心环保等主题的多个公益众筹项目，项目的发起人有机构也有个人，募集到的资金全部用于指定的公益项目中，作为回报，投资者会获得慈善电子证明书和电子感谢信。债权众筹类似于创意者为未来创意项目向投资者借款，即双方为借贷关系。当项目完成或有阶段成果时，须向投资者返还所借款项，当然也可加入利息。股权众筹与股权投资类似，即投资者投入资金后可以得到创意人新创公司的股份，或其他具有股权性质的衍生工具。有别于商品众筹、债权众筹，股权众筹的专业门槛要求与投资风险更高。为规避风险，股权平台方会对项目的估值、信息披露、融资额等情况进行审核，只有通过审核的项目才能够开始筹资。股权众筹平台在国内已有多个先例，目前较为成熟的平台包括天使汇、原始会、大家股、好投网等。

根据有关部门提供的数据，2014 年全年股权类众筹项目融资金额占所有众筹融资金额的 74.7%。从预期募资金额上来看，奖励类众筹数据显示，已募集到的金额远超拟募集的金额，是拟募资规模的 1.24 倍，奖励类众筹模式基本满足市场融资需求。但是股权众筹领域仍存在巨大资金缺口，其融资需求超 35 亿元人民币，但实际市场资金供给规模仅占资金需求的 29.4%。近年来我国股权众筹模式发展较快，已成为移动互联网、互联网类企业融资的选择途径之一。在国内股权类众筹以原始会、天使汇为代表的平台快速发展，逐渐摸索更多样的发展模式。由于股权投资需要投资者具备丰富的投资经验和专业的运作能力，而这正是普通投资者欠缺的。合投机制解决了这一问题，在这种模式下，由天使投资人对某个项目进行领投，再由普通投资者进行跟投，领投人代表跟投人对项目进行投后管理，出席董事会，获得一定的利益分成。另外，大量创新模式出现，以大家投推出的“投付宝”为代表。如同支付宝解决电子商务消费者和商家之间的信任问题，“投付宝”采用投资款托管模式，对项目感兴趣的投资人把投资款先打到由兴业银行托管的第三方账户，在公司正式注册验资的时候再拨款进公司。而投资者凑满了融资额度以后，领投人以此为注册资金成立有限合伙企业，通过有限合伙企业来投资于众筹项目。

同为互联网金融理财产品，众筹与 P2P 是存在着明显差异的。首先，众筹的发起人与支持者的关系可能是多样的，可能是债权关系，也可能是股权关系，还可能是由于共同兴趣、志向而组成的同盟关系。而 P2P 项目发起者与投资者之间就是简单的借贷关系。相对于其他互联网金融产品来说，众筹更像是团购行为，投资人更像是消费者。其次，在对筹资人的选择上，众筹的项目发起人必须先将自己的产品、自己的项目创意最大程度的展现出来，才可能通过平台的审核；而 P2P 平台则更看重借款人的一些可证明自己还款能力的资质。而从发行目的上看，众筹是以项目发起人的身份号召投资者参与产品的生产、推广等过程，从而获得更好的反馈，给项目提供了一些便利。比如，对于一些众筹项目，通过平台募集的资金有限，但是却通过平台效应打开了产品或项目的知名度，赚足了人气，实现了品牌推广的作用。而 P2P 面向的范围更大一些，是针对有资金需求的个人和企业，投资者所投入资金主要是用于一些有经济能力的借款人或企业的消费和流动。最后，众筹的投资者得到的回报可能是以产品为主的一些内容，比如京东众筹推出的雷神钢版 911M 游戏本项目中，根据投资额不同，投资者得到的是不同型号的笔记本和线下经销的权利。P2P 的投资者所得到的回报就是利息收益，说白了就是账户里的钱变多了。

微信圈里疯传的《众筹咖啡厅 CC 美咖关门启示录》一文，给如火如荼的众筹热潮浇了一瓢凉水。宋文艳是武汉众筹咖啡厅 CC 美咖的发起人，但由于 50 位女性股东意见不一，CC 美咖仅仅存活了 6 个月就宣告关闭。理想很丰满，现实很骨感。宋文艳自我检讨说：走错了众筹这一步，变成了一个急功近利的商业产品，违背了让社交有温度的初心。如同打翻多米诺骨牌，全国各地的众筹咖啡厅濒临倒闭或已经倒闭的消息纷纷传来。很多打着众筹旗号的咖啡店、旅店、酒吧等，实际上只是传统的合伙开店披上了时髦的互联网金融外衣，众筹项目里并不缺少有资金的人，缺少的是真正懂经营的人，将投资人股东和管理股东分清楚是起码的前提。业内人士认为，在经营方面，一个强势的发起人很重要，面对很多股东，最担心的就是意见的不同，最后不乏争吵、妥协和无奈，甚至太多内耗，最终因为管理原因不得不谋求转让。从大多数案例来看，发起人绝对控股很重要，也比较容易做得成功。举个例子，100 个人心中有 100 家咖啡馆，意见难统一，最后往往是各有各的理，谁也说服不了谁，因此这种平权架构为众筹模式的纷争埋下了伏笔。目前众筹创业最大的风险是法律风险。众筹一般都是按股本分红，如果股权结构不透明，很容易形成财务黑洞。从这个意义上说，众筹监管可能才刚刚起步。2014 年 12 月 18 日，《私募股权众筹融资管理办法（试行）（征求意见稿）》出台，对该行业将产生指导促进作用。

22. P2P的感觉如同QQ上聊天一样

2013年，以余额宝为代表的各种宝宝们相继涌现，开创了我国互联网金融的元年。作为互联网金融产品代表，与余额宝一起进入公众视野的，还有“P2P”。P2P是英文peer to peer的缩写，意即“个人对个人”。2005年3月，随着首家网络P2P平台Zopa网站在英国开通，P2P拥抱互联网，P2P网络信贷模式出现。P2P的典型模式为：网络信贷公司提供平台，由借贷双方自由竞价，撮合成交。资金借出人获取利息收益，并承担风险；资金借入人到期偿还本金，网络信贷公司收取中介服务费。P2P平台可以使存款人和贷款人通过网络中介平台实现直接借贷，只要登录平台，就可以实现借款人与贷款人“面对面”进行交流和选择，那种感觉如同QQ聊天一样。P2P理财已经成为人们的一种新的理财方式之一。

P2P平台规模之所以能够在短时间内在国内金融市场迅速发展，缘于这种投融资模式独特的优势。P2P作为一种新兴的理财方式，对投资者而言，大大提高了收益水平，在股市一路走低、房地产不景气的时期，高收益的 P2P 理财成为人们一种新的选择。而对资金需求方而言，P2P 理财平台解决了很多中小企业以及个人到银行贷款难的问题，尤其是在银行资金周转不畅的情况下，很多中小企业因为资金周转困难，银行难贷款的问题，不得已而倒闭了。而 P2P 理财的出现，为实体经济发展打通了一条资金的通道，推动了实体经济的快速发展。同时，与银行那些理财起点动辄 5 万元、10 万元的银行理财产品相比，P2P 理财平台对理财的资金要求低，这有利于吸引社会中大量闲散的资金。

自 2007 年中国首家 P2P 网贷平台拍拍贷问世以来，截至 2015 年 2 月 28 日，P2P 平台总量已达到 2100 多家，平台的运营模式也悄然发生了变化。早期的 P2P 平台大多是以信用借款为主的。在网络借贷平台的初始发展期，绝大部分创业人员都是互联网从业人员，没有民间借贷经验和相关金融操控经验，因此他们借鉴拍拍贷模式以信用借款为主，只要借款人在平台上提供个人资料，平台进行审核后就给予一定授信额度，借款人基于授信额度在平台发布借款标。但由于我国居民的信用制度体系并不完善，在 2011 年年末出现了第一波违约风险。2012 年以后，一些具有民间线下放贷经验的创业者开始尝试开设 P2P 网络借贷平台。由于创业者具备民间借贷经验，了解民间借贷风险，他们吸取了前期平台的教训，采取线上融资线下放贷的模式，以寻找本地借款人为主，对借款人实地进行有关资金用途、还款来源以及抵押物等方面的考察，有效降低了借款风险。但由于在经营管理上粗放又缺乏风控，导致个别平台出现了挤兑、倒闭的现象。

2013年，网络借贷平台模板成本的迅速下降使P2P准入门槛进一步降低。同年国内各大银行开始收缩贷款，很多不能从银行贷款的企业或者在民间有高额高利借款的投机者利用P2P网络借贷平台融资，并被称作自融平台。这类线上平台的共同特点是以高利吸引追求高息的投资人，通过网络融资后偿还银行贷款、民间高利贷或者投资自营项目。由于自融高息加剧了平台本身的风险，自2013年10月份这些网络借贷平台集中爆发了提现危机。

2014年起，国家表明了鼓励互联网金融创新的态度，并在政策上对P2P网络借贷平台给予了大力支持，使很多始终关注网络借贷平台而又害怕政策风险的企业家和金融巨头开始尝试进入互联网金融领域，组建自己的P2P网络借贷平台。P2P平台风险越来越受到监管层和投资者的重视，逐步进入规范发展期。

目前，国内运营的P2P平台主要采用的网贷模式主要有担保、债券转让和类信托3种模式。其中，担保模式是指由担保公司或小贷机构等第三方对投资人的本息进行担保。此种模式的代表便是平安集团旗下的陆家嘴金融交易所（以下简称“陆金所”）的“稳盈－安e贷”。“稳盈－安e贷”业务有专门为其提供连带责任担保的专业融资型担保公司平安融资担保，根据项目质量的不同，担保公司收取高低不等的担保费，而借款人通过陆金所平台支付给贷款人（投资人）的利息是一定的，目前都为基准贷款利率上浮 40%。实际上，在此模式中，投资人相当于获得了无风险的报酬率。

债权转让模式的基本做法是平台在线下寻找借款人，对其进行评估通过后再推荐给专业放款人，而专业放款人又都是自然人，且通常就是平台的实际控制人；专业放款人向借款人放款，取得债权后把债权拆分成等份出售给投资人，而投资人多通过线下途径开发加入，投资人获得债权带来的利息收入。这种模式是目前国内 P2P 最普遍的模式。以宜信为例，它的债权转让模式就是由宜信控制人唐宁以其个人名义充当资金中介，借款人向唐宁个人借款，然后控制人再将为数众多的债权分拆、用不同期限组合等模式打包转让给真实资金出让方，从中赚取利息差额。

类信托模式是所有投资人委托同一受托人，选择 P2P 平台推荐的合适标的进行投资，投资人可以向受托人随时赎回自己的份额。例如，天宜 1 号宜信小额贷款（宜人贷 12 月期）结构化集合信托，其信托计划期限为 12 个月，实际募集资金 5280 万元人民币，其中优先级 4800 万元人民币，劣后级 480 万元人民币。信托计划保管人是招商银行北京分行。受托人中航信托股份有限公司将信托计划资金用于向经审核的合格借款人发放小额信用贷款。

P2P 虽已经成为新型的理财产品之一，但是由于缺乏准入门槛和相应的监管制度，P2P 现出良莠不齐的疯长状态。2014

年以来，更是有大批 P2P 平台因为经营不善而倒闭，对于投资者来说，选择安全稳健的 P2P 理财平台非常重要。对于一个已经备案的 P2P 平台，用户只要去公司注册地工商局网站就可以查看其注册资金、注册法人、注册地址以及经营范围等相关信息。当然还可以从平台成立时间、规模、口碑等来了解这个 P2P 平台的运营情况，从平台评级中选择综合实力排名靠前的平台也是一种可取的方法。需要注意的是，投资者使用 P2P 投资理财方式时，对于年利率过高的平台需要谨慎选择。目前正常运行的 P2P 平台的年收益率范围在 8%~18% 范围之内，如果一个 P2P 平台标出的年收益率过高，很可能这就是问题平台在高息吸引客户。如果投资者无法分辨信息的真实性，可以考虑一些有风险保障的平台。不少正规的 P2P 平台，为了保障客户的利益，除了在审核标的时会做到严格把关，也会有一笔风险准备金以防止出现预期还款困难的时候，能在第一时间支付给投资者，以保障客户利益，让客户产生忠诚度。是否有风险准备金也是考虑一个平台的法宝。

P2P 的投资风险较之传统金融体系现有已显露和潜藏的投资风险相比，具有程度更轻、更分散、更易于自我纠正的优势。随着监管体系的完善，作为一种新型理财工具，P2P 必将会越来越受到众多投资者的青睐。表 20 为 2017 年 2 月网贷平台发展指数评级数据资料。

表 20 2017 年 2 月网贷平台发展指数评级数据资料

排名	平台名称	发展指数	上线时间	所在城市	成交	人气	杠杆	分散度	流动性	透明度
01	宜人贷	75.661	2012 年 7 月	北京朝阳	88.3	83.16	29.41	94.21	59.29	59.5
02	陆金服	74.081	2012 年 1 月	上海浦东	99.89	92.01	5	92.17	60.11	49.07
03	拍拍贷	73	2007 年 6 月	上海浦东	89.83	73.28	21.44	91.54	82.46	64.28
04	人人贷	71.481	2010 年 10 月	北京海淀	78.64	79.41	28.42	92.09	59.48	51.9
05	微贷网	71.31	2011 年 7 月	浙江杭州	84.38	80.15	5	93.37	80.45	59.54
06	爱钱进	71.21	2014 年 5 月	北京东城	92.35	78.01	26.07	88.9	58.1	63.24
07	点融网	69.833	2013 年 3 月	上海黄浦	79.34	70.86	5	83.45	71.15	73.54
08	搜易贷	69.37	2014 年 9 月	北京海淀	70.9	65.08	55.06	66.46	59.17	76
09	有利网	68.27	2013 年 2 月	北京海淀	92.5	81.28	5	96.27	53.03	56.95
10	投哪网	65.34	2012 年 5 月	广东深圳	73.18	73.26	5.56	85.87	74.36	58.95
11	积木盒子	63.431	2013 年 8 月	北京朝阳	65.27	70.31	21.55	88	73.16	56.33
12	翼龙贷	63.131	2011 年 4 月	北京海淀	73.99	66.24	5	93.27	59.29	44.3
13	麻袋理财	62.351	2014 年 12 月	上海虹口	76.9	65.42	17.68	95.78	53.6	48.63
14	开鑫贷	61.183	2012 年 12 月	江苏南京	63.73	45.26	73.8	56.68	64.98	53.32
15	宜贷网	61.11	2014 年 1 月	四川成都	29.04	56.67	29.14	82.9	83.64	80.75
16	PPmoney 理财	60.581	2012 年 12 月	广东广州	63.64	70.39	9.62	85.79	61.5	40.24
17	团贷网	59.891	2012 年 7 月	广东东莞	52.97	69.58	5	82.41	71.45	59.4
18	民贷天下	57.85	2014 年 12 月	广东广州	67.94	59.87	49.61	41.61	69.71	57.85
19	凤凰金融	56.61	2014 年 12 月	北京朝阳	67.25	55.89	5	77.97	67.07	41.6
20	人人聚财	56.172	2011 年 11 月	广东深圳	62.13	54.24	9.54	82.43	73.98	38.64

资料来源：网贷之家。

23. 利用人民币升值出国“扫货”

自2005年中国进行汇改以来，美元兑人民币中间价一路走低，截至2017年6月6日，由2005年汇改前1美元兑换8.0700元人民币跌至目前的6.7935元人民币。虽然这一汇率较前期略有所提升，但从总体趋势来看，近几年人民币对美元的一路走强，让我们国内老百姓的生活购物方式发生了巨大变化，海淘和出国购物的热潮一波又一波袭来，坚挺的人民币币值让出国留学、旅行和购物，甚至坐在家里海淘都变得格外划算。其实我们在看人民币汇率走势的时候更多关注的是美元兑人民币的报价，也就是说1美元或者100美元兑换成多少人民币。如果汇率升高，则说明人民币对美元贬值，如果汇率降低，则说明人民币对美元升值。而关注美元或类似外汇的贬值升值则正好相反。

人民币升值是我们国家经济稳定健康增长的表现，表明相同人民币可以换到更多的美元或其他外汇。带给老百姓最直接的好处就是同样的国外商品，在美元价格不变的情况下，由于人民币升值，用人民币表现出来的价格更便宜了。例如国外一款价值3000美元的名牌商品，在美元兑人民币汇率为6.3的时候，我们需要支付18900元人民币，而当汇率变为6.1（即人民币市值）情况下，我们仅需要支付18300元人民币，无形中就省下了600元。这就不难解释，在人民币持续升值的情况下，国内持续发生的一波又一波的出国旅游热、购物热、留学热以及海淘热现象。而从另方面讲，结售汇制度造成大量的外汇收入卖给政府从而将美元贬值的风险转嫁给了政府的压力，会随着藏汇于民政策的逐步落实而更多体现在国家鼓励国内民众到海外旅游消费，并化解这部分压力。因而未来的海外消费和旅游的热度不会降低。

要判断人民币的汇率走势，必须要考察影响人民币汇率变动的主要因素。实际上，影响人民币汇率变动的因素很多，它们共同作用决定了人民币汇率的走势。归纳起来，影响汇率变动的因素主要有国际收支状况、经济增长速度、宏观经济政策导向等中长期因素和市场预期、政治因素、央行干预、国际短期资本流动、美元币值的变化等短期因素。其中，国际收支状况是决定人民币汇率的重要因素，它反映了外汇市场供给变化对人民币汇率的影响。当一国的国际收支顺差时，外汇供大于求，因而外汇汇率下降，该国货币升值；当国际收支逆差时，外汇的需求大于供给，因而外汇汇率上升，该国货币汇贬值；如果外汇收支相等，汇率处于均衡状态不会发生变动。

长期以来我国的贸易项目和资本项目双顺差，使人民币保持升值的趋势。特别是持续快速增长的国家外汇储备，对人民币产生了大量的需求，这是导致人民币升值的主要原因。而从长期看，一国汇率水平与该国经济实力呈正相关关系。中国经济总量地位的提升和持续增长的预期是推动人民币持续升值的深层原因。宏观数据显示，近年来，我国 GDP 一直持续保持快速增长。从长期来看，中国的经济会继续呈现稳定增长态势，这也意味着人民币汇率的长期发展趋势是升值。人民币的汇率还与国内宏观经济政策导向有关，一般来说，如果国内实行的是适度宽松的货币政策，连续降息降准，因货币供应过多，会使人民币贬值，美元相对升值。反之，如果国内实行的是紧缩的货币政策，加息升准，就会因货币供应减少，人民币升值。另外，美元的走势也是影响人民币汇率变化的重要因素。若美元币值下降，人民币币值就相对上升，人民币升值压力就大；若美元币值上升，人民币币值就相对下降，人民币升值压力将下降。

需要注意的是，虽然我们判断人民币走势的主要依据是人民币兑美元的比价，但是作为有出国留学旅游或购物的人们而言，还应关注人民币兑其他主要国家货币的汇率走势。像在 2014 年，随着美联储开始退出量化宽松政策以及加息预期的不断增强，美元指数自 7 月以来加速上涨，非美货币特别是新兴市场货币则遭遇全线下跌。虽然美元兑人民币的汇率相对比较平稳，甚至有人民币对美元贬值的情况，但人民币对欧元、日元等货币还是处于升值状态。我们该如何判断出国扫货是否真的适合呢？这就需要您事先简单计算一下购买外国商品说需要支付的人民币价格了。首先您得看懂银行的外汇牌价。表21为2017年6月3日的主要外汇牌价信息摘录。

表21　　　截至2017年6月3日22:21:03

主要外汇牌价信息资料摘录

主要币种对	现价	涨幅	涨跌	开盘	最高	最低	振幅	买价/卖价
澳元加元	1.0091	0.67	0.0066	1.0024	1.0096	1.0015	0.81	1.0091/1.0104
澳元瑞郎	0.7217	0.89	0.0064	0.7153	0.7221	0.7147	1.04	0.7217/0.7224
澳元欧元	0.6648	0.96	0.0059	0.6585	0.6652	0.6581	1.08	0.6648/0.6654
澳元港元	5.8273	0.72	0.0365	5.7854	5.8324	5.7800	0.91	5.8273/5.8325
澳元日元	82.6100	0.68	0.5300	82.0500	82.7200	81.9100	0.99	82.6100/82.6900
澳元美元	0.7479	0.70	0.0044	0.7427	0.7486	0.7420	0.89	0.7479/0.7485
加元港元	5.7719	0.04	-0.0021	5.7697	5.7877	5.7689	0.33	5.7719/5.7750
加元日元	81.8300	0.01	-0.0100	81.8200	82.1100	81.7200	0.48	81.8300/81.8900
瑞郎加元	1.3981	-0.23	-0.0030	1.4013	1.4013	1.3947	0.47	1.3981/1.3989
瑞郎港元	8.0733	-0.17	-0.0196	8.0873	8.0885	8.0604	0.35	8.0733/8.0748
瑞郎日元	114.4500	-0.21	-0.2600	114.6900	114.7600	114.4000	0.31	114.4500/114.5000
欧元澳元	1.5029	-0.99	-0.0111	1.5180	1.5183	1.5023	1.07	1.5029/1.5042
欧元加元	1.5178	-0.28	-0.0029	1.5221	1.5221	1.5135	0.57	1.5178/1.5186
欧元瑞郎	1.0855	-0.06	0.0004	1.0861	1.0869	1.0845	0.22	1.0855/1.0857
欧元英镑	0.8704	-0.67	-0.0039	0.8763	0.8765	0.8692	0.84	0.8704/0.8707
欧元港元	8.7647	-0.22	-0.0193	8.7844	8.7880	8.7526	0.40	8.7647/8.7662
欧元日元	124.2600	-0.26	-0.2500	124.5800	124.6900	124.2100	0.39	124.2600/124.2900
欧元美元	1.1249	-0.23	-0.0029	1.1275	1.1278	1.1234	0.39	1.1249/1.1250
英镑澳元	1.7263	-0.33	-0.0047	1.7320	1.7331	1.7190	0.82	1.7263/1.7280

续表

主要币种对	现价	涨幅	涨跌	开盘	最高	最低	振幅	买价/卖价
英镑加元	1.7434	0.39	0.0048	1.7366	1.7464	1.7325	0.80	1.7434/1.7446
英镑瑞郎	1.2469	0.62	0.0064	1.2392	1.2485	1.2387	0.79	1.2469/1.2473
英镑港元	10.0670	0.46	0.0248	10.0210	10.0810	10.0160	0.64	10.0670/10.0700
英镑日元	142.7300	0.41	0.3800	142.1500	143.0700	141.9500	0.79	142.7300/142.8000
英镑美元	1.2921	0.44	0.0027	1.2865	1.2939	1.2858	0.63	1.2921/1.2924
港元日元	14.1750	-0.05	0.0022	14.1820	14.2090	14.1590	0.36	14.1750/14.1800
美元加元	1.3493	-0.04	0.0009	1.3499	1.3500	1.3459	0.30	1.3493/1.3499
美元瑞郎	0.9650	0.19	0.0029	0.9632	0.9662	0.9627	0.36	0.9650/0.9651
美元港元	7.7915	0.02	0.0029	7.7902	7.7925	7.7891	0.04	7.7915/7.7922
美元日元	110.4600	-0.03	0.0600	110.4900	110.7100	110.3100	0.36	110.4600/110.4900
新西兰元澳元	0.9535	-0.74	-0.0049	0.9606	0.9616	0.9524	0.97	0.9535/0.9549
新西兰元加元	0.9630	-0.02	0.0004	0.9632	0.9641	0.9585	0.58	0.9630/0.9641
新西兰元瑞郎	0.6887	0.22	0.0019	0.6872	0.6892	0.6856	0.53	0.6887/0.6893
新西兰元欧元	0.6344	0.27	0.0017	0.6327	0.6348	0.6312	0.57	0.6344/0.6349
新西兰元港元	5.5608	0.05	0.0005	5.5580	5.5665	5.5406	0.47	5.5608/5.5652
新西兰元日元	78.8400	0.01	0.0300	78.8300	78.9600	78.6300	0.42	78.8400/78.9100

资料来源：和讯网。

在银行的外汇牌价中有买入价和卖出价之分。买入价，是指银行从客户手中买入外汇的价格，也就是客户卖出外汇的价格，又分为现钞买入价和现汇买入价。由于银行买入现钞后不能立即在本国内使用产生利息，因此，银行买入现钞（客户卖出现钞）所兑换的人民币比银行买入现汇（客户卖出现汇）所兑换的人民币更少。同样，牌价里的卖出价指的是银行向客户卖出外汇时所使用的价格，也就是客户买入外汇时所使用的价格。一般现汇或现钞的卖出价会高于买入价，其中的差价就是银行要赚取的手续费了。

目前国内外汇标价都使用的直接标价法，也就是是以100元的外国货币为标准来计算应付出多少元人民币。如果我们要出国扫货，就需要使用人民币兑换外币，我们应该关注的是外汇牌价中的卖出价格。如果我们需要出国兑换10000美元的话，按照2017年6月6日中国银行当天美元出售的即期外汇牌价，我们需要支付的人民币为10000×680.99÷100=68099(元)。

按照我们国家现行的外汇管理制度，外币兑换实行年度总额管理，每人每年度兑换的外币不超过等值5万美元，如果在年度总额内购汇，我们可以凭本人有效身份证件在银行办理，如果因自费出境留学、出境就医、境外培训等特殊情况，超出了5万美元的额度，还需提交经常项目项下有交易额的真实性凭证。我们个人在银行所购买的外汇可以存入本人境内外汇账户、汇出境外，也可以提取外币现钞。个人提取外币现钞等值1万美元以下（含）的，可以在银行直接办理；超出上述金额的，需要凭本人身份证件、提钞用途材料向当地外汇局报备，银行凭外汇局出具的有关凭证为个人办理。

对于打算出国旅游的人来说，可能预备了大量的现金准备趁当地商品打折优惠的时机“扫货”。但在出发前，您需要对您的目的地国家有所了解，各国对游客出入境所允许携带的最大现金量是有严格规定的。根据我国海关规定，市民在出境时可以携带20000元人民币或5000美元以下的现金（可带等值外币），而各国海关对于入境游客携带的现金则有不同的规定，如加拿大可携带的入境现金上限为5000美金，美国和韩国为10000美金，德国为10000欧元，法国为7622欧元等等。如果您入境时携带的现金超过了这一限额，有可能会遭受被收缴的风险。

其实出国“扫货”不一定非要携带大量的现金，近年来随着出境游的盛行，目前多家银行都推出人民币和美元双币种信用卡，以方便出境游的客户在境外刷卡。当游客去非美元结算国家旅游时，刷卡以当地货币来结算，信用卡还款单显示为美元记账，回国后既可用美元还款，也可以用人民币兑汇还款，非常方便。目前中国银联网络已延伸至许多国家，20多个国家和地区可刷卡消费，40多个国家和地区可使用银联卡在ATM上提取当地货币。在国外用银联卡，将采用当地货币消费、人民币扣账的货币结算方法。中国银联将采用当日的市场汇率将当地交易货币金额转换为人民币扣账，且不收货币转换费和跨境交易费。

如果您不出国，在家里轻轻点击鼠标，利用互联网带来的便利条件，通过“海淘”购物，同样可以享受到由于人民币升值所带来的优惠。

24. 买银行理财产品照样可以“炒股”

临近2017年春节，大多数白领陆续领到了金额不菲的年终奖，到底是持币过春节，还是用于投资理财呢？昨日，部分银行传出消息，在银行发行的理财产品中，挂钩股市的多了起来。对于不想直接炒股的市民，用年终奖买银行理财产品也可以“炒股”。与此前一些“炒股”理财产品看空股市不同，这些产品多是看涨沪深300指数。某家商业银行的工作人员称，不少银行在近期发行的沪深300指数基金是以沪深300以沪深300指数为标的的在二级市场进行交易和申购或赎回的交易型开放式指数基金。投资者可以在二级市场交易价格与基金单位净值之间存在差价时进行套利交易。沪深300指数基金是国内市场目前推出的重量级交易型开放式指数基金。投资期限为46天，投资起点金额为5万元或10万元。沪深300指数是中国市场具有良好的市场代表性的指数，覆盖了沪深两市六成左右的市值，其对A股的流通市值覆盖率超过70%，分红和净利润占比超过85%，因此，追踪沪深

300指数的交易型开放式指数基金相当于投资于国家重要的经济行业和股票市场。沪深300交易型开放式指数基金可以帮助跨国、跨市场的投资者以较低的投资成本建立可以综合反映中国市场整体经济构成的股票投资组合。就目前来看，诸多银行该款产品投资收益率会有两种情况。第一种情况：若沪深300指数定盘价格在观察期内曾超过或等于障碍价格，则年化收益率至少在8%左右。第二种情况：若沪深300指数定盘价格在观察期内未超过障碍价格，理财年化收益率维持在3%左右。投资者买该理财产品以后，要想获得最高年化收益率8%左右的高水准，在投资期限内，沪深300指数必须要曾达到或超过该产品成立日的10%。投资者买该理财产品后，可获得沪深300指数上涨带来的一定收益，但理财本金并非直接投资于股市，而是百分百投资于本币债券市场和货币市场。综合多家银行的信息可知，理财产品“炒股”操作方式大同小异。

若将“心有多大、舞台就有多大”这句经典的广告语对应至银行理财产品投资，则应改作“预期收益率有多高、风险就有多高”。不少投资者观察多家银行的理财产品后注意到，很多预期收益率较高的非结构性银行理财产品的资产配置十分大胆，它们已经大比例投向了非标资产、甚至参与股票的“炒作”。银行热衷推出挂钩沪深300指数的理财产品，主要是年底白领手头闲钱增多，再加上A股市场持续上涨，挑起了投资者的入市激情。

沪深300指数产品中有几个关键的指标：观察期、定盘价格、期初价格、期末价格、障碍价格。其中，观察期是指从成立日北京时间15∶00（含该时点）起直至结算日北京时间15:00（含该时点）止。定盘价格：若是挂钩沪深300指数，则是指沪深300指数收盘价。期初价格是指成立日当日的定盘价格。期末价格是指结算日当日的定盘价格。障碍价格是指期初价格的百分之多少。

其实，股市震荡照样可以赚钱。若银行理财产品“炒股”，除了可以看涨外，还可以看跌。就像股指期货一样，股市上涨或下跌，都有机会获得收益。理财产品同时看涨、看跌股市，又是怎样操作呢？其实该理财产品设定了两个障碍价格，“障碍价格1”用于看涨，设定为沪深300指数上涨一定幅度。“障碍价格2”用于看跌，设定为沪深300指数下跌一定幅度。与仅看涨股市的理财产品，这种同时看涨、看跌的理财产品显得更复杂。这种“双向型”理财产品的收益率会在三种情况中出现一个。在最乐观的情况下，理财年化收益率可达12%；在表现比较糟糕的情况下，理财年化收益率可能只有1.2%。

从目前销售情况来看，该款产品只适合有相关投资经验的投资者。投资者要有过类似产品的购买经历、炒股经历、股票型基金投资经历等，对于追求稳健收益的投资者来说，最好还是谨慎而为。在购买这种产品时，您一定要与自己的风险承受能力相匹配，因为股市本来就不断震荡。股市的风险高，这类产品挂钩指数的表现可能不断震荡。特别需要注意的是，投资者买了这种产品以后，如果买的看涨，并不是只要股市上涨就能赚钱。如果买的看跌，并不是股市下跌就能赚钱，关键还得看上涨或下跌的幅度能否触发银行设定的点位。

挂钩股市的银行理财产品，与直接炒股、或银行其他普通理财产品、宝宝类互联网金融产品相比，风险更低，收益率可能也不及直接炒股高。但与银行普通理财产品相比，其收益率可能更高一些，风险相对也大一些。眼下多数银行理财产品的预期年化收益率在5%~6%之间。与宝宝类互联网金融产品相比，收益率更高，风险更大。当前多数宝宝类互联网金融产品的七日年化收益率在4%左右。

股市的火爆，肯定会带动许多理财产品向股市看齐。看到股市有赚钱效应，各路资金肯定也会眼红。2014年2月4日，中国银监会加急下发《商业银行理财业务监督管理办法（征求意见稿)》。文中提到允许以理财产品的名义独立开立资金账户和证券账户等相关账户，鼓励理财产品直接投资。此消息被市场解读为银行理财产品资金可以直接投入股市。不过，银监会立即火线辟谣，所指直接投资与股市无关。那么，银行理财产品的钱，到底能不能炒股呢？相比起高人气的股市，银行理财产品市场略显平淡，没什么吸引力。不少银行理财经理已经感觉到理财产品不好卖，储户已经瞧不上5%左右的年化收益水平。中国银监会下发的《商业银行理财业务监督管理办法（征求意见稿）》，力求从根本上解决理财业务中银行的“隐性担保”和“刚性兑付”问题，推动理财业务向资产管理业务转型。其中，（意见稿）允许商业银行“以理财产品的名义独立开立资金账户和证券账户等相关账户，鼓励理财产品直接投资。”但需要说明的是，证券账户并非是指股票账户，也包括债券账户。而此前受监管要求，银行理财资金往往需要借道信托、基金等通道进入交易所证券市场，增加了资金链条和投资环节，也变相增加了资金成本。未来银行理财产品将由预期收益率型产品向净值型产品转变，成为“类基金”产品，由投资人自己承担投资风险，同时也获得完全收益，而银行回归受托管理人的位置。那么，对于目前市场认为的银行理财资金“涌入”股市，是否真实存在呢？据业内人士分析，银行理财资金间接进入股市的渠道包括：面向高净值人群发行的理财产品、“融资融券”配资、定向增发、股票质押融资等渠道，按照银行理财内部业务流程和风控文化，不可能突然大幅增加某块理财项目的投资。一直以来，银行理财无法独立开设证券账户，并不能直接进入交易所市场，而是通过绕道券商资管、信托计划、基金子公司等“通道”进入交易所市场，且需要交纳1‰～2‰的通道费。能够独立开立证券账户，肯定会为面向高净值人群发行的、投资股票市场的银行理财产品节约了一定的“通道”费。而银行理财资金可投资股权资产，意味着理财资金通过给企业股权融资服务于实体经济，而不是要进入股市搞投机交易。总体上理财产品参与股市的政策无根本变化。此前几年投资者大量的存款涌向银行理财产品，而目前银行理财产品以及宝宝军团等收益率已经是明显下降。未来并不排除允许银行理财产品有条件或者限制性地进入股市，从而增加银行理财产品的吸引力。

对待股票基金，投资者要清楚的是，一旦判断市场走熊，就应该赎回以规避风险。这类工具非常适合对投资时机有一定认识的投资者。另外，每一支股票型基金有其自身特点，投资者可根据自身喜好判断。从过去3～5年的数据看，股票基金的表现其实相当优秀。晨星数据显示，截至2016年12月16日，大约有28支股票基金过去3年的年化回报率超过20%，有57支股票基金的5年年化回报率超过10%。但由于股票基金往往仓位较高，2016年以来的表现却差强人意，大多数这类基金2016年至2017年4月都成了负收益。银行理财产品的年化收益率2016年6月到12月期间，同样由3.9%下跌至3.87%，最低达到3.72%。虽然12月以来受“年末效应”的影响，收益率得到回升，但效果非常不明显。12月以来，由厦门银行发行的一款8～14天的产品以3.6%的预期年化收益率排在首位，而后是晋城商业银行发行的一款6～12月的产品以3.6%的预期年化收益率胜出。期限在1年以上的产品收益率排行上，晋中银行发行的“晋商汇财季季升第一期”的预期年收益率达到10%，“秒杀”众多产品。需要说明的是，这些表现抢眼的产品均是非保本浮动理财产品。实际收益水平是否保得住还需要经过市场检验。就目前来看，偏股型基金比银行理财产品受欢迎多了。进入2017年，随着股市的不断升温，指数不断上涨，理财产品的客户肯定也都想从中赚钱，因而股市里面慢牛的走势又实在是让人非常着急。

25. 金银纪念币的题材很重要

金银纪念币是贵金属纪念币的代表性品种。自 1979 年新中国第一次制作发售“中华人民共和国成立 30 周年”纪念金币以来，已累计发行金银纪念币 1400 多个品种，在世界金银纪念币制造发行史名列榜首。但不少朋友都把金银纪念币和金银纪念章混在一起来谈，这是不对的。第一，金银纪念币具有面额而金银纪念章没有面额。而有没有面额一方面说明是否为国家的法定货币；另一方面则说明了纪念币的权威性要远高于纪念章。在我国，具有面额的法定货币只能是由中国人民银行限量发行。第二，金银纪念币作为国家的法定货币，通常情况下每枚纪念币均附有中国人民银行行长签字的证书，而金银纪念章则做不到。纪念章如果有证书的话，其签字人和签字机构的权威性也是不能与纪念币相媲美。社会上一些商家将自己发售的纪念章都冠以“金币”或“银行”的名义，也有一些国外商家将发售的纪念章加上贸易美元的面额进行市场推广，在消费者中混淆章和币的界限。中老年投资者特别要注意掌握金银纪念币的相关知识后再下手不迟。

随着国际贵金属价格的不断走高，金银币的投资价值越来越凸显出来。多年前发行的金银纪念币产品的增值幅度都很惊人：西游记系列金币从当初的3000多元到现在的近30000多元，马年1公斤银币从当时的4000多元涨到现在10多万元。2009年9月发行的新中国60周年金银币当时的发行价4000多元，1公斤银币也就是1万元左右，现在金银币要在1万元左右，1公斤银币要30000多元，上海世博会金银币当时的发行价也是在4000多元，现在则是10000元左右。2010年发行的石窟系列云冈石窟金银币和中国京剧脸谱彩色金银币很受收藏爱好者的欢迎。云冈石窟系列采用的是高浮雕制作，工艺精美，加上发行量小，一经面世即实现大幅增值；而中国京剧脸谱系列在金银币上展现了国粹的风采，加上是第一组上彩产品，也实现了不小的增值。

新中国成立以来市场上每次纪念币的发行几乎都会引起人们追捧，而生肖纪念币更是在每年农历春节前后都会掀起投资热潮。近年来涨幅最大的纪念币是2015年发行的双铜材质羊年纪念币，这是采用10元面额的生肖纪念币，发行时就比较受追捧。2015年羊年纪念币发行量为8000万枚。发行价格仅10元，目前价格在90~100元之间，升值了10余倍。据了解，2016年11月16日，中国人民银行发行2017中国丁酉（鸡）年金银纪念币一套。该套纪念币共17枚，其中金质纪念币10枚，银质纪念币7枚，均为中华人民共和国法定货币。

面额50元和10元。正面图案是中华人民共和国国徽，衬以连年有余吉祥纹饰，并刊国名、年号。背面图案是雄鸡造型，衬以装饰雄鸡纹样，并刊面额及“丁酉”字样。网上售价6300元。近几年，中国现代金银纪念币的收藏形势越来越被人们看好。作为一种极具投资价值的钱币收藏品，已被许多普通投资者青睐。1992年以前，中国发行的金银纪念币大部分对境外经销，外国实力收藏家和港澳同胞成为金银币的主要买家。受经济实力、投资观念等因素影响，当时境内问津者微乎其微。从1995年下半年起，国内金银币销售市场渐旺，仅1996年，中国发行的各种金银纪念币达23套，计105枚，为近年发行之最。到1997年3月，金银纪念币的销售和炒作更是到了登峰造极的地步。境内新发行的金银纪念币刚问世，钱币市场里已在发行价上加了数倍成交，连前几年向境外发行的金银纪念币也大量返销境内市场高价抛售。

投资金银纪念币何以有如此可观的升值率？这是因为金银纪念币本身具有这样几个特征：重大的题材和特殊的纪念意义；先进的铸造工艺和精美的制作质量；相对较小的发行数量，易于炒作；很高的国际声誉，即中国发行的各种金银纪念币曾多次在国际钱币评比活动中获金奖；金银币作为一种贵金属本身所固有的价值。这5个特征是其他一般收藏品所不完全具备的，从而决定了金银纪念币成为特殊收藏品所具有的特殊投资价值。但投资者在意识到纪念币高额回报的同时，其所掩藏的高风险问题也应该受到相当的关注。投资市场高收益与高回报永远是一致的。

从高回报来看，近十年来，中国金银纪念币的升值速度相当惊人，熊猫银币自 1982 年起发行制作，其基本 规格是 1 盎司（直径 40 毫米 圆形）。除了 2001 年、2002 年图案相同外，每年更换一次熊猫图案。其工艺铸造水平极为复杂，图案清晰，富有立体感，而且尺寸规范，原度、成色、重量绝对准确。而在国际上，这类以 1 盎司为标准重量、成色 999 以上，贴近银价的银币称作投资银币。中国熊猫银币和美国鹰洋银币、加拿大枫叶银币、澳大利亚考拉银币、墨西哥自由银币、英国不列颠女神银币一并称作世界六大投资银币。1996 年一盎司熊猫银币的起步价只有 160 元，但最高曾炒到 800 元，而后便是价格大幅回落。即使是 2011 年，白银涨至最高点近 10 元一克时，1 盎司的熊猫银币从 400 元的价格调整到 450 元。但到了 2012 年只有 400 元左右，而 2015 年新发行的一盎司熊猫银币价格只有 156 元。而相关联的熊猫金币同样遭受了滑铁卢。2013 年春节过后，熊猫金币先后三次大跌，二手市场礼品金回购潮出现后，熊猫金银币首次大跌，并随着国际金价的暴跌再次跟随探底。2013 年熊猫金币的主力品种“5 枚套装金币”，跌幅超过了 27%，由 2013 年春节前一手市场的 25800 元一套高价，跌至 18200 元一套，该价格已比 2010—2013 年的熊猫金币的最低价要低。而同年，1 盎司熊猫金币也由 2013 年春节的 11500 元跌到了 9500 元，跌幅为 17%；1 盎司熊猫银币有过之而无不及，由 380 元高价跌到了目前的 180 元，跌幅52%，短时间内出现如此巨大的跌幅，在近十年的市场独此一例、极其罕见。

收藏金银纪念币确实是一种回报非常高的投资。但高回报中隐藏着高风险。投资金银纪念币得掌握一定的技巧，何时购买、买什么品种至关重要，千万不能抓到篮里都当菜。经济形势比较好时，热门品种的市场显得比较景气，这时的投资利润通常被认为会高于市场平均利润。在投资纪念币时，一定要关注发行量，发行量越少，升值前景或将越好。由于金银纪念币在二级市场的价格一般都很高，往往远远超过了黄金材质本身的价值，这种风险也需要规避。1988 年发行的中国人民银行成立四十周年流通纪念币，就称得上是纪念币中的“猴票”。这组面额只有 1 元的纪念币，如今的市场售价在 2000 元以上。不过，该纪念币当时的发行量只有 206. 8 万枚。而现在发行的纪念币，数量都在数千万枚，就投资价值而言，很难再续写如此辉煌。

作为工薪阶层的投资者在选购纪念币时首先要了解该币的发行数量、题材特征，一般拟挑选金币以 110 盎司、银币以一盎司左右，发行量在 1 万 ~8 万枚左右，有丰富题材的金银纪念币作为首选目标。这样的品种由于售价不高、发行量适中，比较适合市场炒手灵活进出，其升值速度相对其他品种的金银纪念币要快得多。同时还应该谨慎选择投资时机，挑选价格相对较低，风险小的品种。在钱币市场冷清时入市，切忌在金银纪念币价格暴涨后跟进，因为此时币价已炒高，再涨空间小，市场风险大，很容易接最后一棒，造成高位套牢。

投资者投资金银币中生肖藏品题材更应看中权威性。生肖文化是我国特有的文化之一，以生肖为主题的收藏品也是我国收藏市场的一大亮点。每到岁末年初，生肖藏品都会迎来一轮发行高潮，同时也会迎来一波上涨行情。然而，在生肖藏品行情较为火热的背后，也蕴藏着较大的投资风险。近年来，市面上打着生肖藏品旗号的产品不少，但真正适合投资收藏且能保值的藏品并不多。另外，生肖藏品的变现能力也较差，尤其是贵金属藏品基本上没有回购渠道，往往在变现时价格会大打折扣。因而购买生肖藏题材的金银纪念币，一是要看发行量，二是要看权威性。一般来讲，中国人民银行发行的纪念币，以及中国金币总公司和一些造币厂发行的贵金属纪念章和金银纪念条，因权威性较高故收藏价值大，而对于一般企业生产的贵金属藏品，最好不要盲目买入。另外，生肖藏品的行情受季节性影响较大，往往在春节前上涨的幅度较大，但春节过后价格就会出现一定程度的“跳水”，因此在投资收藏生肖藏品时介入的时间点把握很重要。以下提供若干条投资金银纪念币要遵循的规律供您参考：

(1) 发行量少日后才能赚钱。收藏品历来物以稀为贵，纪念币发行量的多少，是决定其投资价值和升值潜力的首要因素。纪念币的发行量与市场价格呈反比关系，即量少价高，量多价低。同时，纪念币的题材、雕刻工艺也是判断纪念币投资价值的重要参考标准。此外，纪念币是否得过业界公认的奖项，包装、附件是否让人耳目一新，也是投资价值的构成要素。而由于入门门槛的不同，流通纪念币和贵金属纪念币也分流了不同的投资者。普通纪念币的材质用的是印刷钞票的纸张或铸造普通硬币的金属，面额表明其法定价值，主要以中外重大事件、节日、纪念日和珍稀动物为题材而设计铸造，是国家发行的可以流通但又具有纪念意义的法定货币。贵金属纪念币主要由金、银、铂、钯等贵金属材料制成，而金银纪念币是贵金属纪念币的代表性品种。以 1980 年发行的国际儿童年加厚金币为例，其存世量不到 45 枚，是新中国小规格贵金属币中的币王，2009 年价格 40000 元左右，目前价格已经飙升到 120 万元。发行量为 200 多万枚的中国人民银行成立四十周年流通纪念币，目前市场价格则仅为 4000 元左右。

（2）品相完好才能卖到高价。货好不愁卖是普遍规律。收藏纪念币如同收藏邮票，也要注意品相，即外观质量。品相好的纪念币与品相差的纪念币，市场价格相差很大。以中国人民银行成立四十周年纪念币为例，品相好的价格超过 4000 元一枚，而品相差的即使 1000 元也很难出手。投资者应选择没有划痕、碰伤、擦伤的纪念币。但是对于银质纪念币，氧化并不一定就是品相不好。与黄金不同，白银在自然界很难保持原来的色泽，最终还是要氧化或者硫化，如果银币氧化得很均匀，则可能提高它的投资价值。

（3）顺势投资才能有所斩获。对于金银纪念币的收藏爱好者和投资者来说，会有截然不同的两种观点。从收藏者的角度看，应以逆向思维的方式观察收藏市场，从价值还未被发现的品种中找寻到自己中意的纪念币收藏品。而投资金银币则需要顺势而为，金银币的市价会随着供求关系的变化来体现增值效应，投资者要知道未来什么品种能赚到钱。但金银纪念币投资市场与股票市场有着许多类似，会受到各种因素的影响与干扰，进而使其价格随着市场供求而不断变化。在大势向好的前提下，跟着市场节奏，同时潜心分析和挖掘潜力品种，相信必定能够把握市场波动的脉搏。

26.
余额宝理财

2017 年余额宝可谓是风头出尽。据英国《金融时报》报道，一个由中国一家高科技公司设立、用来存放网络购物剩余资金的货币市场基金天弘余额宝货币市场基金，简称天弘余额宝货币，以 1656 亿美元的托管资金规模，成为全球最大的货币市场基金。阿里巴巴设立四年的余额宝基金，已超过了规模 1500 亿美元的摩根大通（JPMorgan）美国政府货币市场基金。2013 年 6 月阿里巴巴推出的余额宝产品，是蚂蚁金服旗下的余额增值服务和活期资金管理服务。余额宝对接的是天弘基金旗下的余额宝货币市场基金，特点是操作简便、低门槛、零手续费、可随取随用。除理财功能外，余额宝还可直接用于购物、转账、缴费、还款等消费支付，是移动互联网时代的现金管理工具。到目前，余额宝是中国规模最大的货币基金。天弘余额宝货币基金主要投资于以下金融工具：现金；通知存款；短期融资券；1 年期以内（含 1 年期）的银行定期存款和大额存单；期限在 1 年期以内（含 1 年期）的债券回购；期限在 1

年期以内（含1年期）的中央银行票据；剩余期限在397天以内（含397天）的债券；剩余期限在397天以内（含397天）的资产支持证券；剩余期限在397天以内（含397天）的中期票据；中国证监会认可的其他具有良好流动性的货币市场工具。对于法律法规或监管机构以后允许货币市场基金投资的其他金融工具，余额宝货币基金管理人在履行适当程序后，可以将其纳入投资范围。

有些人自然会问：余额宝和支付宝有什么区别？支付宝是第三方支付工具，而余额宝是一种互联网理财产品，可以说是支付宝的附加产品，它依附于支付宝而存在，使支付宝成为了会赚钱的钱包。余额宝和支付宝区别主要有：（1）产品类型不同。余额宝是一种理财产品，而支付宝是第三方支付工具；（2）收益有无不同。余额宝是存入余额宝每天可以获得一定的基金收益，而支付宝是没有收益的；（3）功能丰富程度不同。余额宝是消费购物、转账功能，而支付宝是消费购物、转账、信用卡还款、充值等多种功能；（4）安全性能不同。余额宝是存在一定风险，支付宝对余额宝提供被盗金额补偿的保障。支付宝是相对于余额宝较安全，支付需要证书或者验证码等。

银行账户上活期存款的利息很低，只有0.35%，但是支付宝账户里的钱利息更低，是0。因为支付宝不是银行，金融监管政策不允许支付宝给账户上的钱发利息。余额宝是在卖货币基金的流程上进行了小小的金融创新。推出了基于支付宝账户的余额宝功能。支付宝账户上的钱跟原来一样，可以随时进行消费和转账，但是没有利息。可一旦把钱从支付宝账户转到余额宝，支付宝公司就自动帮你把钱买成名为天弘增利宝的货币基金。货币基金是个人闲钱选择的一个好去处，由基金管理人运作，基金托管人保管资金的一种开放式基金，专门投向无风险的货币市场工具，区别于其他类型开放式基金，具有高安全性、高流动性、稳定收益性。货币基金买卖不需要手续费，收益普遍高于银行一年期定期存款利息3%，而且灵活性远远高于1年期定期存款，赎回最多2～3个工作日，不会耽误用钱，具有准储蓄的特征。跟一般“钱生钱”的理财服务相比，余额宝更大的优势在于，它不仅能够提供高收益，还能全面支持网购消费、支付宝转账等几乎所有的支付宝功能，这意味着资金在余额宝中一方面在时刻保持增值；另一方面又能随时用于消费。同时，与支付宝余额宝合作的天弘增利宝货币基金，支持“T+0”实时赎回，这也就意味着，转入支付宝余额宝的资金可以随时转出至支付宝余额，也可直接体现到银行卡。

直接用余额宝和银行活期存款比较是不合适的。余额宝的收益不是利息，而是货币基金的收益，尽管货币基金的风险很低，但还是要比法定付息的存款风险要高。而对于银行账户来说，如果你不把钱放在活期账户上，而是通过银行买了货币基金，同样可以获得类似余额宝收益，只不过这个货币基金里的钱需要换成银行账户里的活期存款才能进行消费。

余额宝的金融功能主要有：（1）能理财增加收益。余额宝本质上是一款货币基金，虽然现在收益降低，但是仍在4%左右，而且像银行活期一样灵活，能够实现随用随取。转入余额宝的资金在第二个工作日由基金公司进行份额确认，对已确认的份额会开始计算收益。余额宝对于用户的最低购买金额没有限制，一元钱就能起买。余额宝的目标是让那些零花钱也通获得增值的机会，让用户哪怕一两元、一两百元都能享受到理财的快乐。支付宝对余额宝还提供了被盗金额补偿的保障，确保资金万无一失；（2）能购物支付。跟一般“钱生钱”的理财服务相比，余额宝的优势在于转入余额宝的资金不仅可以获得较高的收益，还能随时消费支付，灵活便捷。余额宝还能用于淘宝购物的支付，这对一些喜欢网购的人来说是一个福音，一边享受收益，购物时还能拿来用；（3）能够转账。余额宝可以将账户的钱转到自己的银行卡，或是将钱转到支付宝，就可以打到别人的账户，还可以用来还信用卡还款、缴纳水电费、话费充值。

2017年余额宝的7日年化收益率在4%左右。会不会突破5%？甚至是突破7%的水平呢？历史上余额宝7日年化收益率2014年1月2日达到最高水平6.763%，创造了同类产品的收益神话。今年这个神话能被打破吗？余额宝规模目前已经达到了1.2万亿元。一旦逼近7%的年化收益率水平，市场影响将非常巨大。毕竟余额宝达到历史最高收益率6.763%时，规模仅为2000亿元左右。2017年5月25日，代表性的全国性股份制银行3个月、6个月、12个月的同业存单发行利率分别升至4.75%、4.7%、4.6%，均创下今年以来最高水平。而纵观目前“宝宝类”货币基金平均收益水平仅有3.6%左右（见表22）。

表22　　天弘基金旗下余额宝货币市场基金年化收益率历史数据

净值日期	每万份收益(元)	7日年化收益率(%)	申购状态	赎回状态
2017年5月29日	1.0889	4.059	开放申购	开放赎回
2017年5月28日	1.0894	4.057	开放申购	开放赎回
2017年5月27日	1.0900	4.051	开放申购	开放赎回
2017年5月26日	1.0916	4.046	开放申购	开放赎回
2017年5月25日	1.0882	4.051	开放申购	开放赎回
2017年5月24日	1.0888	4.050	开放申购	开放赎回
2017年5月23日	1.0932	4.047	开放申购	开放赎回
2017年5月22日	1.0854	4.048	开放申购	开放赎回
2017年5月21日	1.0793	4.044	开放申购	开放赎回
2017年5月20日	1.0809	4.042	开放申购	开放赎回
2017年5月19日	1.0998	4.040	开放申购	开放赎回
2017年5月18日	1.0875	4.037	开放申购	开放赎回
2017年5月17日	1.0828	4.033	开放申购	开放赎回
2017年5月16日	1.0945	4.028	开放申购	开放赎回
2017年5月15日	1.0792	4.018	开放申购	开放赎回
2017年5月14日	1.0754	4.015	开放申购	开放赎回
2017年5月13日	1.0773	4.012	开放申购	开放赎回
2017年5月12日	1.0942	4.009	开放申购	开放赎回

续表

净值日期	每万份收益(元)	7日年化收益率(%)	申购状态	赎回状态
2017年5月11日	1.0805	4.000	开放申购	开放赎回
2017年5月10日	1.0730	3.996	开放申购	开放赎回
2017年5月9日	1.0755	3.995	开放申购	开放赎回
2017年5月8日	1.0736	3.994	开放申购	开放赎回
2017年5月7日	1.0706	3.992	开放申购	开放赎回
2017年5月6日	1.0708	3.992	开放申购	开放赎回
2017年5月5日	1.0789	3.992	开放申购	开放赎回
2017年5月4日	1.0717	3.989	开放申购	开放赎回
2017年5月3日	1.0715	3.987	开放申购	开放赎回
2017年5月2日	1.0736	3.986	开放申购	开放赎回
2017年5月1日	1.0701	3.986	开放申购	开放赎回
2017年4月29日	1.0705	3.979	开放申购	开放赎回
2017年3月29日	1.0611	3.903	开放申购	开放赎回
2017年2月28日	0.9821	3.651	开放申购	开放赎回
2017年1月29日	0.9733	3.624	开放申购	开放赎回
2016年5月29日	0.6583	2.439	开放申购	开放赎回
2015年5月29日	1.0717	4.047	开放申购	开放赎回
2014年5月29日	1.2381	4.684	开放申购	开放赎回
2013年5月30日	1.1349	2.093	封闭期	封闭期

表22表明余额宝货币市场基金的每份基金份额享有同等分配权，其收益分配方式为红利再投资并免收再投资的费用。基金会根据每日基金收益情况，以每万份基金已实现收益为基

准，对投资人每日计算当日收益并分配，且每日进行支付。投资人当日收益分配的计算保留到小数点后两位，小数点后第三位按去尾原则处理（收益全部分配，若当日已实现收益大于0时，为投资人记正收益；若当日已实现收益小于0时，为投资人记负收益；若当日已实现收益等于零时，当日投资人不记收益)。基金每日进行收益计算并分配时，每日收益支付方式只采用红利再投资（即红利转基金份额）方式，投资人可通过赎回基金份额获得现金收益。若当日净收益大于0时，则增加投资人基金份额；若当日净收益等于0时，则保持投资人基金份额不变；基金管理人将采取必要措施尽量避免基金净收益小于0，若当日净收益小于0时，不缩减投资人基金份额，待其后累计净收益大于零时，即增加投资人基金份额；若投资人赎回基金份额时，其当日收益将立即结清。当日申购的基金份额自下一个工作日起，享有基金的收益分配权益；当日赎回的基金份额自下一个工作日起，不享有基金的收益分配权益。

27. 享用信用卡的积分乐趣

截至 2016 年 6 月末，中国国内信用卡和借贷合一卡发卡数量共计 4.73 亿张，同比增长 9.26%。其中，人均持有信用卡数量 0.31 张，信用卡授信额度总额 8.05 万亿元，同比增长 25.44%。信用卡卡均授信额度 1.7 万元，授信使用率 44.3%。信用卡应偿信贷余额 3.57 万亿元，同比增长 25.44%。信用卡累计发卡量来看，中国工商银行、中国建设银行、招商银行仍然稳居前三，浦发银行成为年度“黑马”脱颖而出，其信用卡流通户数增长近 50%，信用卡透支余额和收入增长均超 100%。而按照《全国人民代表大会常务委员会关于〈中华人民共和国刑法〉有关信用卡规定的解释》中所规定的信用卡，是指由商业银行或者其他金融机构发行的具有消费支付、信用贷款、转账结算、存取现金等全部功能或者部分功能的电子支付卡。国内目前信用卡具体品种有贷记卡和准贷记卡两类，或者说是贷记卡和借贷合一卡。

贷记卡是指发卡银行给予持卡人一定的信用额度，持卡人可在信用额度内先消费，后还款的银行卡。贷记卡是真正意义上的信用卡，具有信用消费、转账结算、存取现金等功能。贷记卡相比借记卡来说，最方便的使用方式就是可以在卡里没有现金的情况下进行普通消费，在很多情况下只要按期归还消费的金额就可以了。其主要的优势体现在以下几个方面：不需要存款即可透支消费，并可享有20～56天的免息期。按时还款利息分文不收（大部分银行取现当天就会收取5‰的利息，还有2%的手续费，中国工商银行取现免收手续费，只收利息）；购物时刷卡不仅安全、方便，还有积分礼品赠送；持卡在银行的特约商户消费，可享受折扣优惠；积累个人信用，在您的信用档案中增添诚信记录，让您终生受益；通行全国无障碍，在有银联标识的ATM和POS机上均可取款或刷卡消费（贷记卡只适合消费刷卡，最好不要取现，取现手续费用较高，很不划算，主要是应急时使用并注意及时还款）；刷卡消费、部分贷记卡取现有积分，全年多种优惠及抽奖活动，让您只要用卡就能时刻感到惊喜（多数贷记卡网上支付无积分，但网上购物支付很方便、快捷）；每月免费获得邮寄的纸质对账单或者是电子对账单，让您透明掌握每笔消费支出；特有的附属卡功能，适合夫妻共同理财，或掌握子女的财务支出；自由选择的一卡双币形式，通行全世界，境外消费可以境内人民币还款；客服电话24小时昼夜服务，挂失即时生效，失卡零风险；国内贷记卡有效期一般为3年或5年；利用第三方平台进行商务合作，为持卡人提供优惠服务。但需要强调的是，目前国内流行的贷记卡基本上都有年费，但基本上又都有免年费的政策，比如中国建设银行 1 年只要刷 3 次就可以免了；中国工商银行 1 年刷卡 6 次则才可免年费。但是您每年刷卡末达到银行指定的次数，就需要被收取年费。

准贷记卡是一种具有中国特色的贷记卡，目前国外并没有这种类型的信用卡种投放。准贷记卡是在 20 世纪 80 年代后期中国银行业从国外引入消化后推出的自有信用卡产品。因为当时中国个人信用体制并不是很完善，中国银行业对国外的信用卡产品进行了一定的更改，将国外传统的信用卡存款无利息，透支有免息期更改为存款有利息、透支不免息。准贷记卡兼具贷记卡和借记卡的部分功能，使用时先存款后消费，存款计付利息。持卡人购物消费时可以在发卡行核定的额度内进行金额透支，且没有免息还款期和最低还款额，但透支金额自透支之日起计息，且欠款必须一次还清，其基本功能是转账结算和购物消费。表 23 为国内发行的贷记卡和准贷记卡的主要使用区别。

表 23　国内商业银行发行的贷记卡和准贷记卡的主要使用区别

区别项目	贷记卡	准贷记卡
用款规则	先用后还	先存后用，可适当透支
存款是否计息	存款不计息	存款计息
取现手续费	取现收取高手续费	同城取现无手续费
年费水平	年费最高	年费介于借记卡和贷记卡之间

续表

区别项目	贷记卡	准贷记卡
使用年限规定	芯片磁条卡使用年限3～10年 纯芯片卡使用年限3～10年 磁条卡使用年限3～5年	芯片磁条卡使用年限3～10年 纯芯片卡使用年限3～10年 磁条卡使用年限3～5年
对账单提供	每月免费提供账单	不提供对账单，可索取
透支特征	透支额度较大	透支额度较小
免息还款期	免息还款期最长56天	无免息期
计息方式	免息期后每天按5‱计复利，超信用额度部分5%收取滞纳金	透支之日起每天按5‱单利计息
透支天数	无透支天数约束	最长透支天数60天

国内大部分银行规定，您使用借记卡在发卡银行当地营业柜台或该行当地自助设备上存取现金，无需缴纳任何费用，但如果是在发卡银行异地营业网点和自助设备上存取现金或是通过银联等网络进行跨行（在非发卡银行）存取现金、查询余额等交易，需要支付相应的手续费。

只要是信用卡的持卡人进行刷卡消费，其发卡银行都会按照一定的规则给予积分，而这些积分达到一定数量之后就能用来兑换可选范围之内的礼品。目前各家商业银行的积分规则可谓五花八门，各种礼品促销活动也是各具特色。但在这里也要提醒广大读者，不要小看这些积分。如果熟悉了发卡银行的积分规则并积极参加优惠活动，这些积分还是能够带来很大的实惠与用场。

大家肯定还记得2015年“五一黄金周”之后对于国内的各大房地产开发商来讲的确是又经历了一次严峻考验。在楼市“330政策”后的回暖之际，如何吸引客户消化楼市库存还真是八仙过海各显神通。在厦门的湾区SOHO购房现场，一项“积分买房”的促销活动说来也是非常吸引眼球。按照活动规则，购房客户可用1000招行信用卡积分抵扣10000元购房款，最高可抵扣20000元购房款。更吸引人的是，这样的直抵优惠可与其他优惠活动共享，简单说就是在享受楼盘所有优惠活动之后还能再拿出来进行抵价享受。作为招商银行的信用卡客户自然会想到：这样的活动到底是银企一道推出的拨人眼球的“噱头”？还是银企携手一道送出的客户福利？其实，招商银行信用卡的“积分买房”项目早在2014年国庆期间就已经上线了。当时仅有招商地产积极参与，发卡银行主要是试水积分与大宗商品销售的连接并积累经验。但是活动上线后，目前已有招商地产、世茂地产、华润地产、中海地产、碧桂园、建发地产和保利地产等国内著名的房地产开发商陆续加入到招商银行的“积分买房”促销活动中来，覆盖了全国70多个城市和300多个楼盘。特点是折后立减，给予招行信用卡客户真正的实惠。

不少女孩子都有外出逛商场时找到星巴克、汉堡王、哈根达斯喝上一杯咖啡、吃上一个汉堡、吃上一桶冰激凌的消费习惯，既时尚又自在逍遥。但9元钱在这些店铺应该说很难消费到什么像样的食品。可是中信银行的信用卡积分在此时却能大显身手。按照相应的积分规则，中信银行的信用卡客户每个自然月单笔消费满299元的交易达到3笔、6笔或者9笔时，就可享受到9分权益1次、2次、3次。9分权益可以兑换星巴克大杯手工调制咖啡、哈根达斯单球冰激凌一份、必胜客30元抵用金一份、汉堡王皇堡或天椒皇堡套餐一份。中信银行这项积分促销活动自2015年6月1日推出后，一直持续到年底。其后又有不断的积分促销活动陆续跟进。目前，中信银行的信用卡积分还可用于支付宝、京东钢蹦、乐益通的支付结算。特别是支付宝客户选择中信银行信用卡后，还可用积分抵现，2000积分可抵现金1元，而京东客户则可用2000积分兑换一个京东钢蹦，乐易通客户则可用11000积分兑换1000乐易通积分。

中国工商银行的“积分当钱花”活动自2014年1月12日正式上线后一直是热销不断。中国工商银行的信用卡客户每500积分可以兑换1元现款并直接用于中国工商银行官方商城“融e购”购买商品，也可在全市700多家诸如百盛商场、新世界商场、中石油直营加油站等知名商户享受消费抵现。目前，“融e购”电子商务平台的注册用户已经达到1800万个用户，累计交易金融突破1600亿元。“融e购”平台的定位是名店、名品和名商，其签约的商户直营率达到73%，而业界的平均水平只有23%左右。目前，“融e购”平台已经汇集了房地产、汽车、数码家电、金融产品、服装鞋帽、食品饮料20多个行业，覆盖数千个知名品牌和二十多万种畅销产品。除了网上购物外，中国工商银行的信用卡积分目前还可用于兑换大地、金逸、保利及幸福蓝海多家电影院线，在全国190多个城市的500多家影院通过中国工商银行积分活动享受超值观影的促销实惠。目前，大地院线可用14000积分兑换普通电影票一张，金逸院线可用17500积分兑换2D电影票一张，保利院线则可用22500积分兑换3D电影票一张。而中国工商银行信用卡账户还可在大地、幸福蓝海、保利三家院线刷卡购票并选择即时结账。

交通银行的积分乐园是中国所有商业银行中首家积分消费百货店。店中有几万种商品可供持卡客户选择，而且交通银行的信用卡积分可以当钱用，1000积分可抵扣2.5元现金。交通银行还升级了积分乐园，积分全场通用，全部积分可兑换4000多家餐饮优惠券。普通商品可用积分抵现比例由过去的20%提高到50%。全场现金消费最高可享受30倍积分。小额积分则可参加积分抽奖活动，赢取更多的丰厚奖品或刷卡金。交通银行还多次在每年旅游旺季推出境外消费10倍积分活动。活动期间成功注册的用户，单个自然月境外线下交易POS机任意消费5笔，则当月所有境外消费（含境外网上消费）享受10倍积分奖励，每个客户单个自然月奖励上线10万积分。持卡人只要满足当月有5笔境外线下POS机消费并达到指定的挑战目标，皆可获得相应的积分奖励（含境外网上消费）最高奖励50万积分。

2017年新春伊始，光大银行推出的“我有千面，就要不凡”的促销活动则直接将沿袭多年的积分习惯改成了现金返利的直接实惠。

目前，大多数商业银行都有着常规的信用卡积分办法规定。2017 年，中国建设银行信用卡积分有效期规定为 3 年，中国建设银行上海大众龙卡信用卡积分有效期为 5 年，如果持卡人在信用卡有效期到期后，继续办卡，那么该卡内的信用卡积分可以继续累积使用。同一客户名下多张主卡积分可合并计算，主附卡积分统一合并到主卡账户中计算，方便客户及早申请到自己心仪的奖品。中国建设银行龙卡信用卡积分包括基本积分和奖励积分。基本积分为持卡人使用龙卡信用卡，每消费人民币 1 元积 1 分（持上海大众龙卡消费，人民币 1000 元积 6 分）；每消费美元 1 元积 7 分（持上海大众龙卡消费，美元 100 元积 4.2 分）；持欧洲旅行卡消费 1 欧元积 9 分。卓越商务卡（仅个人商务卡）刷卡消费人民币 1 元积 1 分；以美元结算的交易由建行在银行记账日为持卡人购汇后按人民币入账金额进行积分累计。积分计算日期为该笔消费的银行记账日。但因任何理由将刷卡购买的商品或服务退还、或因签购单争议、或其他原因而退还款项者，中国建设银行将扣除原先通过此笔交易取得的积分。

28. 邮票疲软但还是有些人赚到了钱

2016 年 1 月 5 日上午，作为每年首张发行的特种邮票，生肖票“丙申年”正式在各个邮政网点发售。该套邮票是我国第四轮生肖邮票的开篇之作，也是首轮猴票的设计者黄永玉时隔 36 年再执笔。此次发行的“丙申年”特种邮票一套两枚，图案内容分别是“灵猴献瑞”和“福寿双至”。全套邮票面值为 2.40 元。而原邮电部于 1980 年（庚申年）2 月 15 日发行的生肖猴票是中华人民共和国发行的第一张生肖邮票。面值 0.08 元。图案是由著名画家黄永玉绘制。采用影写版与雕刻版混合套印的方式印刷，由北京邮票厂印刷。一版 80 张（8×10）。猴票的发行量 500 万枚。

2016 年初开售仅一周左右，大版“丙申猴”的价格已经涨到了 680～700 元，溢价 26 倍之多。而 80 版“庚申猴”的单张市场价格在 2016 年已经超过 1.2 万元，暴涨 16 万倍。如果说您 20 世纪 80 年代还不具备投资意识的话，那么 2016 年的“丙申猴”是无论如何也要想办法抓到“手里”。

“猴票”只是个特例，其实大部分邮票的价格涨幅并没有那么高。相对于证券市场的火爆来说，邮票市场还是显得有些冷清和疲软。但邮票市场走到今日也有它的优势，那就是比较成熟和老道。截至目前，新中国成立后发行的邮票种类共计有22个大类之多。它们分别是：纪念邮票（纪）、特种邮票（特）、普通邮票、“改”值邮票、欠资邮票、航空邮票、军人贴用邮票、“文”字邮票、编号邮票、纪念邮票（J）、特种邮票（T）、编年邮票以及小本票、美术邮资信封、纪念邮资信封（JF）、普通邮资片（PP）、特种邮资明信片（TP）、贺年邮资明信片（HP）纪念邮资明信片（JP）、拜年封、特种封。毫不客气地讲，邮票在投资收藏界应该算是元老级的位置了。由于其入行的门槛非常低，不管是家财万贯的大款、还是只有微薄收入的学生或者打工者，都可以到集邮市场里走上一遭，炒上几把。很多收藏爱好者一开始都是从邮票收集开始进入投资领域的。而近年来频频拍出的邮票高价更是让其他投资市场望尘莫及。

有些投资者总结了邮票为什么只涨不跌的原因：第一，如果以邮票的发行量和发行额作为股本来比喻，那邮票基金资本额永远是固定的，不可能会增加。但现实流通过程中邮票又因本身的质地脆弱，易受潮、易破损或受到污损，使邮票发行后能够存在世间的邮票越来越少。而集邮者的需求却是无限制的增长，这完全符合了投资学中的物以稀为贵的投资原则，价格当然要看涨；第二，就目前来看，银行利率调低，而邮票价格持续上涨，集邮或许成为投资者保值增值财富的重要渠道。邮电部门根据历年邮票的发行量以及储存量，同时参照国际国内邮票市场的行情，基本上每隔5年会调整一次邮票价格，特别是1990年的邮票价格调整，其范围之广、幅度之大是前所未有的。1989年以前发行的565种邮票中，调价的有533种，占发行总量的94.3%，上调幅度平均水平137.46%。目前，许多有经济实力的人纷纷加入集邮队伍。而且对于大多数人来讲，炒邮需要的专业知识远比炒股要低得多；第三，证券投资市场的涨跌规律在许多时候不适用于邮票市场。一般物品如果行情看涨，则人争相抢购，行情更涨。但在邮票市场上，当某种邮票行情看跌时，人们往往静等一段时间，待行情上涨时再出售；如果某种邮票行情看涨，大家急于收进，手中握有该票者或高价出售，或不愿割爱；第四，股票的涨幅跌度须受法令限制。而邮票没有涨跌幅度的限制，所以当邮票价格开始上涨时，往往是过关斩将，毫无阻挡。

（1）邮票那么多，投资的第一步，自然是选择最值得投资的邮票。投资者必须把握3个要素：题材内容好、发行量或存世量少、流通性好。物以稀为贵，除了题材和内容之外，发行量少、存世量少的邮票当然更有价值。而从时间上来看，最好选择老JT邮票，因为它们存世量少、消耗很多、基本上都散落在社会中。老JT邮票的价格较高，保值、增值较稳定、受市场波动影响小。投资者要有自己的判断，切忌盲目追风新邮票。同时，不要盲目追风热点邮品，那些价格已经很高的邮票升值缓慢，反而是低迷的回报会高些。邮票的市场价格主要取决于它的需求量与可供量之比。发行已经有一定年份且市场流通量已稳定的品种中，出现潜在“黑马”的概率较大。尤其是古典邮票、珍稀邮票，其存世量与外国同级珍邮相比，目前价位还尚在低谷。但投资者需要注意的是，邮票精品一向不宜短线炒作，而经过较长时间市场检验后，其保值增值效应才会显现出来。1981 年发行的“红楼梦”小型张面值只有 2 元，1991 年每张售价已升值至 4000 元左右，超过面值 500 倍。而 1962 年 9 月 15 日邮电部发行的“梅兰芳舞台艺术”小型张的面值当时只有 3 元。这张邮票由是由吴建坤设计的影写版，背面刷胶，北京邮票厂印刷。图案选择京剧《贵妃醉酒》中梅兰芳饰演杨贵妃的一幅剧照，该剧照由一位日本友人拍摄。梅兰芳舞台艺术小型张邮票发行量仅 2 万枚，是中国发行量最小的小型张，目前 172000 元价格雄踞各小型张之首。面值仅为 6.4 元的 1980 年版整版“庚申猴”票，在 2014 年中国嘉德春拍分别以 99.68 万元人民币和 91.84 万元人民币成交。“卖出一版猴，能盖一层楼”已经并非神话了。

尽量不要去炒作和追捧新邮，过分赌博往往会被套牢。原因是邮政新邮票的发行每月都有，因而乍看起来并不适合投资。但是，事情常常有所例外。由于题材和文化上的特殊性，“壬辰龙”大版票和小版张一上市就受到了集邮者和投资者的青睐，价格持续上扬，最高的时候曾分别达到 395 元和 105 元，成交活跃度可以说是攀上了一个新的高度，市场气氛有了更大程度的改观。对于“壬辰龙”大版票的是是非非，乃是人们争论最为激烈的焦点问题。从目前的情况来看，焦点在于“壬辰龙”大版票的价格究竟定位在何处合理的问题上分歧最大，有的投资者认为它的价格是正常的，有的投资者则认为它的这种表现就是一种典型的投机。“壬辰龙”大版票价格的高举高打，的确对不少品种的走势带来了显著的负面影响，“牡丹”双联小型张几乎是无所事事。但是，这种情况仅仅维持了较短的时间之后便迎来了新的升势。“清明上河图”版票和“唐诗三百首”小版张成交量的放大，或许就从一个侧面反映出了资金的博弈态度，而资金的博弈态度，对于市场的运行方向将具有非常重要的影响，因为资金是启动行情和维持行情的血液，这一点在任何时候都是这样。以现在“壬辰龙”大版票和小版张的表现来看，凡是顺势而为的投资者都是实实在在的赢家。从收益率的角度来看，凡是能够带来利润的品种都是好品种，投资者把握不好，那是另一个层面的问题，不应该将新旧品种割裂开来。其实大家对于价值投资理念应该说是再熟悉不过了，但是在实践中能真正认真遵循的投资者寥寥无几，这既有投资者自身的原因，也有市场和品种本身的原因。

（2）邮票的品相非常讲究，对日后的出手价格有着至关重要的作用。集邮的人都非常讲究邮票品相邮票的品相，也是衡量邮票的关键因素。邮票收藏圈内有关品相的说法，包括有极优品、最上品、上品、次上品、中品、下品和劣品的具体描述。而对于新邮来说，衡量品相主要是看票面完整、图案端正、颜色正统、齿孔完整、四角齐整，背胶完好。而对于使用过的旧邮票来说，主要是票面完好，不揭薄，邮戳清晰（约占邮票票面的1/4左右），这样的邮票为上品；邮戳轻印，不损害票面美观为中品；邮戳重油，影响图案美观为下品。而邮票品相的好坏是与邮票的保存密切相关的。对于方寸间大有学问的邮票来说，首先是要使用专门的护邮袋和邮册保护邮票，注意防潮，还要养成用镊子取放邮票的习惯。其次是在整理邮票时，最好在桌面上铺上洁净的纸张或毛毯。插进邮票册的邮票，不要随意挪动抽取，以免齿孔和四个边角受到损伤。

（3）投资邮票在方法上主张长线和短线相结合的价值投资。价值投资是谋求回报的投资。而从投资的方向上看主要有早期的精品邮票和炒作新邮票两种供选择。早期精品大都交易价高，货源分散，适合于长线做多，风险极低，但周期长，需要资金量大。新邮票投资风险极大，却有暴利适合短线炒作，需要极为敏锐的市场嗅觉。所以投资邮票要看您的实际情况，如果您有一些闲置资金，又比较了解收藏品行情，建议投资早期的纪特文编和1983年以前的JT精品，从长期看，这些东西始终是慢涨升值的。价值投资并不是简简单单地一味持有，特别是老票，而是要因时、因势，随时调整自己的投资品种。而与市场运行趋势一致的策略就是价值投资。可是，在人们的心中所形成的烙印就是：买老票就是投资，而买新票就会被扣上投机的帽子，这是完全错误的，因为投资与投机都是相对的，没有绝对的东西，两者经常是互为融合，能够获得实实在在的收益就是投资，而毫无收益甚至是亏损的行为就是投机，因为投资的基本目的或者说最高境界就是盈利，没有盈利的行为就是一种投机，并不论这个品种是新票还是旧票，投资就是要看最终的结果，而不是其他虚无缥缈的东西。当然，进行投资吃透政策也是十分关键的一环，这是投资的捷径，同时也是一种理念，这种理念也是价值投资理念的重要组成部分。就目前来说，在邮票通信功能不断弱化的情况下，除了增强它的娱乐功能之外，强化其增值保值功能有着极其重要的现实意义。“猴”票与“梅兰芳舞台艺术”小型张之所以能够在市场中长期立于不败，并且得到广大投资者的认可，一个关键原因就在于资金的或进或出的有效运作，这种运作提升了这些品种的自身价值，使得投资的保值增值功能得到新的强化，使其更具生命力，这无疑在比较大的程度上为其他绩优品种的上升打开了进一步的空间。在市场经济条件下，邮票市场最吸引人的东西就是它的增值保值作用，使集邮者和投资者得到更多的实实在在的回报。

（4）投资邮票要量力而行和把握时机。对广大中小投资者而言，投资收藏邮票的基本要素有两条，一是要判断邮票保值、增值的条件要素是否具备；二是在决策投资前一定要根据自己的经济条件量力而行，在没有绝对把握获利的情况下，切忌负债或超负债投资邮票。虽然邮政改制后的政策面对市场有利，但也要有预防突发性事件发生的心理准备，邮票投资的风险性也须考虑，在保证基本生活必须的开支费用之外，有的放矢的投资邮票，尤其是现阶段投资邮票，无疑是明智之举。至于考虑邮票的面值方面，应尽量回避高面值邮票。一张面值20元的邮票与一张面值2角的邮票同时出现在您面前，若您是作为集邮收藏，则您可以一视同仁；但作为投资，您最好不要选择高面值邮票。首先，选择高面值邮票，等于把鸡蛋放在了同一个篮子里。买一张20元面值邮票的资金，可以买100张2角面值的邮票，而一旦邮票升值开涨，其实就是脱离了面值基本面的行为，涨多少根本与面值无关。其次，就目前市场表现来看，高面值邮票普遍升值较慢。高面值邮票因为其邮资总含量巨大，消耗起来往往很慢，而低面值邮票的消耗速度却比较快。第三，炒作资金一般都选择低面值而且好交易的单套邮票，而尽量避开高面值的或者总面值很高又不方便交易的大套票。即便是投机，低面值也比高面值机会多得多。顺应规律，适应规律，抓住了机遇，就抓住了财富。确定邮市具有全面复苏和暴发大级别行情的前提下，选择投资的时机十分重要。不少投资者都还记得邮票价格的谷底是在2005年下半年，当时市场的8元型张2.8~3.2元左右；小本票最低仅有3余元；JP邮资片最低仅为0.25~0.3元；03、04、05中的版票打折的不少，03小版中优秀品种毛泽东也仅在30元内；老JT票价格很低，三国一组型张在40~50元之间；奔马型张在800元左右；T46金猴仅1450元上下；红军邮整版的价格在600元之间。进入2017年以后，上述品种的价格基本上翻了1倍，因而在2005年末囤货是最佳时机。

邮票交易是实物交易，因而在邮票交易中如何防伪是一个很重要的问题。近几年来随着邮市的升温以及印刷技术的提高，邮品造假也向着大批量、高质量的方向发展。根据邮品作伪手段划分，假邮品主要有变造票、伪造票和臆造票三种类型。

（1）变造票作伪的主要手段是对真邮品进行各种技术改造后，使其伪装成紧俏或高档邮品。主要手段有：

在邮票齿孔上面做手脚。往往是在同时发行了细齿与粗齿邮票，或者有齿与无齿邮票，或者同图案的邮票与小本票的情况下，当两种邮品价格存在较大差异时，变造者就会在齿孔上做手脚。如当无齿邮票价格远高于有齿邮票时，他们就把真邮票的齿孔剪掉，使其成为无齿邮票。有时候，有些有齿孔的邮票比无齿孔邮票更贵，变造者就给无齿票或小本票无齿孔的两边打上齿孔。另外，有的变造者，为了人为搞出变体品，专门在邮票图案上打出一排齿孔，称为“错齿票”，或者把双连票中间原有的齿孔修补好，使之成为“漏齿票”。

进行邮票刷色处理。由于邮票目录对邮票刷色的叙述不可能非常准确，而人们对邮票刷色的认定，主要凭视觉感受，因此，邮票刷色的标准很难用文字精确表述，辨别起来就比较困难了。“变色”、“漏色”是收集变体邮品者主要的收集品种。变造者使用化学药品，改变或除去邮票的颜色，人为造成错色邮品。

在邮票上加上加水印。邮票上的水印是在制造邮票纸时加式上去的，人们无法使无水印邮票变成有水印邮票，这是用水印纸防伪的重要原因。但是，伪造者有时采取偷梁换柱的办法，将无水印邮票揭薄，用带水印的邮票纸从背面进行裱贴，使之成为假水印邮票。

制作加盖邮票。加盖邮票是在邮票上加印若干图文，用以补充或更改原发行机构、用途、使用地区或面值等。在许多情况下，加盖票属应急而为，发行量少，使用时间短，往往比原票珍贵。各类“变体”的加盖票更是一些集邮者争购猎奇的宠物。假加盖票历来也是伪造票中数量最多、最难识别的一种。假加盖邮品一般有几种类型：一是利用真邮品、真戳记私自加工。二是利用真邮品，伪造字模、戳记加工。三是将真的加盖邮品上的文字或数字局部作特殊改变，使其成为“漏字”、“漏笔”或“变异体”。

制作假背胶邮票。不少年代较久的早期邮票往往会因为保护不当而发生背胶部分或全部脱落。有的仅剩下胶痕。为的使背胶受损的邮票变成完美的新邮票，变造者会在这些邮票的背面重新涂上一层新胶。这种假背胶邮票一般比较难辨认，需要有较丰富的经验才能识别出来。

制作假实寄封。由于实寄封的价值往往高于单枚邮票价值，所以实寄封伪品常常大量出现。假实寄封的主要变造手段有：使用真邮票在信封上加盖假邮戳。使用假邮票，在信封上加盖真邮戳。将信销真票贴到信封上，在封上补画其余的邮戳。采用移花接木的办法，将一般实寄封上的邮票揭下，换贴上专门找来的邮戳位置适当的残信销票贴到信封上，使之身价倍增。

（2）伪造票的主要手段是对真邮票进行仿制，因而其各项技术要素全是假的，与真品认真对照后很容易现出原形。国内目前出现的邮资封片小型张赝品，大多是照相制版后使用现代化印刷机械大量印刷出来的。从图案上比较难找出破绽，必须从刷色、印刷质量及纸质等方面进行仔细辨别。这类采用电脑制版机械印刷的邮票和邮品的数量往往会非常大，对市场的冲击也最大。

（3）臆造票的主要手段是无中生有、根据自己的臆想设计制作的邮票邮品。臆造票根本不是合法的国家邮政部门正式发行的邮票，不具有邮资凭证的属性。由于臆造票在图案、文字、印刷制作等方面漏洞明显，具有一定集邮知识或历史文学知识的集邮者，都较易识破其真面目。

29. 股票型基金指数 ETF 及其联结产品

ETF 是 Exchange Trade Fun 的缩写，全称“交易型开放式指数证券投资基金”。ETF 是指数基金的一个品种。而所谓指数基金是指以特定指数（如沪深 300 指数、上证 50 指数等）为标的指数，并以该指数的成分股为投资对象，通过购买该指数的全部或部分成分股构建投资组合，以追踪标的指数表现的基金产品。股票型基金指数 ETF 又称作交易型开放式指数基金，或称作交易所交易基金，是一种在交易所上市交易的、基金份额可变的一种开放式基金。交易型开放式指数基金属于开放式基金的一种特殊类型，它结合了封闭式基金和开放式基金的运作特点，投资者既可以向基金管理公司申购或赎回基金份额，同时，又可以像封闭式基金一样在二级市场上按市场价格买卖 ETF 份额，不过，申购赎回必须以一篮子股票换取基金份额或者以基金份额换回一篮子股票。由于同时存在证券市场交易和申购赎回机制，投资者可以在 ETF 市场价格与基金单位净值之间存在差价时进行套利交易。套利机制的存在，使

ETF 避免了封闭式基金普遍存在的折价问题。

根据投资方法的不同：ETF 可以分为指数基金和积极管理型基金，国外绝大多数 ETF 是指数基金。目前国内推出的 ETF 也是指数基金。ETF 指数基金代表一篮子股票的所有权，是指像股票一样在证券交易所交易的指数基金，其交易价格、基金份额净值走势与所跟踪的指数基本一致。因此，投资者买卖一支 ETF，就等同于买卖了它所跟踪的指数，可取得与该指数基本一致的收益。通常采用完全被动式的管理方法，以拟合某一指数为目标，兼具股票和指数基金的特色。股票型 ETF 一直是基金投资中的热点，特别是随着股市全面上扬，国内股指期货、期权等金融衍生品的增多，给 ETF 带来更大的市场发展空间。ETF 指数基金代表一揽子股票的所有权，它管理的资产是一揽子股票组合，这一组合中的股票种类和每种股票的数量与某一特定指数的成分股的构成比例一致，其净值表现与盯住的指数走势一致。如上证 50ETF 的投资组合中，每只股票的数量与上证 50 的盯住数量结构一致，投资者买卖一只 ETF，就等同于买卖了它所跟踪的指数，它的交易价格、基金份额净值走势与所跟踪的指数基本一致。上证 50 指数包含中国联通、浦发银行等 50 支股票，上证 50 指数 ETF 的投资组合也应该包含中国联通、浦发银行等 50 支股票，且投资比例同指数样本中各支股票的权重对应一致。换句话说，指数不变，ETF 的股票组合不变；指数调整，ETF 投资组合要做相应调整。

近几年基金投资还出现了 ETF 联接品种。其实，ETF 联接基金是指将其绝大部分基金财产投资于跟踪同一标的指数的ETF基金，也就是说是投资于ETF基金的基金（简称目标ETF），密切跟踪标的指数表现，追求跟踪偏离度和跟踪误差最小化，采用开放式运作方式的基金。由于目前很多中小基金投资者是没有股票交易账户的，因而这些投资者无法通过二级市场进行ETF基金份额的买卖来参与ETF市场。而如果投资者以现金方式来申购ETF产品，则又面临50万份的高门槛阻碍。若通过ETF联接基金产品实现标的批发，再通过商业银行零售给普通投资者，采用普通开放式基金1000元的投资起点，通过商业银行柜台零售后，变相将银行客户吸引进了交易所。

股票型基金指数ETF的投资优势主要体现在以下几个方面：第一，能够分散投资并降低投资风险。被动式投资组合通常较一般主动式投资组合包含更多的标的数量。标的数量的增加可减少单一标的波动对整体投资组合的产生的反面作用，同时借不同标的对市场风险的不同作用方向，得以降低投资组合后的风险程度。"不要把鸡蛋都放在一个篮子中"其实就是这个道理。第二，ETF兼具股票和指数基金的优势，对普通投资者而言，ETF也可以像普通股票一样，在被拆分成更小交易单位后，在交易所二级市场进行买卖。同时，赚了指数就赚钱，投资者再也不用研究股票，担心踩上"雷区"了。第三，就目前来看，ETF结合了封闭式与开放式基金的优点。ETF与我们所熟悉的封闭式基金一样，可以小的"基金单位"形式在交易所买卖。与开放式基金类似，ETF 允许投资者连续申购和赎回，但是 ETF 在赎回的时候，投资者拿到的不是现金，而是一揽子股票，同时要求达到一定规模后，才允许申购和赎回。ETF 与封闭式基金相比，相同点是都在交易所挂牌交易，就像股票一样挂牌上市，一天中可随时交易。但是，ETF 透明度更高。由于投资者可以连续进行申购或赎回交易，要求基金管理人公布净值和投资组合的频率相应加快。而且由于有连续申购或赎回机制存在，ETF 的净值与市价从理论上讲不会存在太大的折价或溢价。ETF 基金与开放式基金相比，优点体现在一是 ETF 在交易所上市，一天中可以随时交易，具有交易的便利性。一般开放式基金每天只能开放一次，投资者每天只有一次交易机会，即申购赎回；二是 ETF 赎回时是交付一揽子股票，无需保留现金，方便管理人操作，可以提高基金投资的管理效率。开放式基金往往需要保留一定的现金应付赎回，当开放式基金的投资者赎回基金份额时，常常迫使基金管理人不停调整投资组合，由此产生的税收和一些投资机会的损失都由那些没有要求赎回的长期投资者承担。这个机制，可以保证当有 ETF 部分投资者要求赎回的时候，对 ETF 的长期投资者并无多大影响（因为赎回的是股票）。第四，ETF 交易成本低廉。指数化投资往往具有低管理费及低交易成本的特性。相对于其他基金而言，指数投资不以跑赢指数为目的，经理人只会根据指数成分变化来调整投资组合，不需支付投资研究分析费用，因此可收取较低的管理费用；另一方面，指数投资倾向于长期持有购买的证券，而区别于主动式管理因积极买卖形成高周转率而必须支付较高的交易成本，指数投资不主动调整投资组合，周转率低，交易成本自然降低。第五，投资者可以当天套利。ETF 的特点则可以帮助投资者抓住盘中上涨的机会。由于交易所每 15 秒钟显示一次 IOPV（净值估值），这个 IOPV 即时反映了指数涨跌带来基金净值的变化，ETF 二级市场价格随 IOPV 的变化而变化，因此，投资者可以盘中指数上涨时在二级市场及时抛出 ETF，获取指数当日盘中上涨带来的收益。第六，ETF 高透明性。ETF 采用被动式管理，完全复制指数的成分股作为基金投资组合及投资报酬率，基金持股相当透明，投资人较易明了投资组合特性并完全掌握投资组合状况，做出适当的预期。加上盘中每 15 秒更新指数值及估计基金净值供投资人参考，让投资人能随时掌握其价格变动，并随时以贴近基金净值的价格买卖。无论是封闭式基金还是开放式基金，都无法比拟 ETF 交易的透明性。第七，增加市场避险工具的选择机会。由于 ETF 商品在概念上可以看作一档指数现货，配合 ETF 本身多空皆可操作的商品特性，若机构投资者手上有股票，但看坏股市表现的话，就可以利用融券方式卖出 ETF 来做反向操作，以减少手上现货损失的金额。对整体市场而言，ETF 的诞生使金融投资渠道更加多样化，也增加了市场的做空通道。例如，过去机构投资者在操作基金时，只能通过减少仓位来避险，期货推出后虽然增加做空通道，但投资者使用期货做长期避险工具时，还须面临每月结仓、交易成本和价差问题，使用 ETF 作为避险工具，不但能降低股票仓位风险，也无须在现货市场卖股票，从而为投资者提供了更多样化的选择。表 24 为截至 2017 年 6 月 2 日股票型指数基金 ETF 及其联接单位净值涨幅前 15 名资料。

表 24　　截至 2017 年 6 月 2 日股票型指数基金 ETF 及其联接单位净值涨幅前 15 名资料

序号	基金代码	基金简称	单位净值（元）	累计净值（元）	日增长值（元）	日增长率（%）	申购状态	赎回状态	手续费（%）
01	003017	广发中证军工 ETF	0.8201	0.8201	0.0120	1.49	开放	开放	0.12
02	002900	南方中证 500 信息技术联	0.8466	0.8466	0.0108	1.29	开放	开放	0.12
03	004347	南方中证 500 信息技术联	0.8478	0.8478	0.0107	1.28	开放	开放	0.00
04	002974	广发信息技术联接 C	0.9588	0.9588	0.0107	1.13	开放	开放	0.00
05	000942	广发信息技术联接 A	0.9589	0.9589	0.0107	1.13	开放	开放	0.12
06	001455	景顺长城中证 500ETF	0.7490	0.7490	0.0080	1.08	限大额	开放	0.12
07	001214	华泰柏瑞中证 500ETF	0.5889	0.5889	0.0062	1.06	开放	开放	0.10
08	000008	嘉实中证 500ETF 联接	1.5870	1.5870	0.0165	1.05	开放	开放	0.12
09	004348	南方中证 500ETF 联接	1.4261	1.5261	0.0148	1.05	开放	开放	0
10	160119	南方中证 500ETF 联接	1.4210	1.5210	0.0147	1.05	开放	开放	0.12
11	001241	国寿安保中证 500ETF	0.5434	0.5434	0.0056	1.04	开放	开放	0.12
12	002903	广发中证 500ETF 联接	0.9877	0.9877	0.0099	1.01	开放	开放	0
13	162711	广发中证 500ETF 联接	1.2287	1.2287	0.0123	1.01	开放	开放	0.12
14	110026	易方达创业板 ETF 联接 A	1.8094	1.8094	0.0179	1	开放	开放	0.12
15	002656	南方创业板 ETF 联接 A	0.8431	0.8431	0.0083	0.99	开放	开放	0.12

资料来源：天天基金网。

股票型 ETF 中最为普遍的是市场基准指数基金，这也是最早出现的ETF形式，我国ETF市场也是以这种基金为主。

从投资风格看，除基准指数基金外，股票型ETF还有行业指数基金和风格指数基金两种。行业ETF可以跟踪某一行业中股票的涨跌。如果投资者看好一个行业，可以选择投资行业ETF，免去选股环节，减少投资单个股票业绩不稳定带来的风险，分享整个行业的收益。我国ETF市场于2013年5月推出了首个行业系列ETF——华夏上证行业ETF，随后又陆续推出嘉实中证行业ETF、南方中证500行业ETF等系列产品。风格指数基金主要通过风格指数严格的编制方法，精确体现成长型、价值型、大盘、中盘、小盘等投资“风格”、有效跟踪市场的价值和风格趋势。以上证180价值ETF、上证180成长ETF为例，其分别跟踪的上证180价值指数、上证180成长指数，分别基于4项价值因子（股息收益率、市盈率、市净率、市现率）、3项成长因子（营业收入增长率、净利润增长率、内部增长率），从上证180指数中选取60支成分股组成。在交易方式上，股票型指数基金ETF结合了封闭式基金和开放式基金的运作特点，投资者既可以向基金管理公司申购或赎回基金份额，同时，又可以像封闭式基金一样在二级市场上按市场价格买卖ETF份额，不过，申购赎回必须以一揽子股票换取基金份额或者以基金份额换回一揽子股票。

ETF之所以受到市场热捧，首先是因为其创新性的交易方式为市场套利提供可能，克服了封闭式基金折价交易的缺陷。由于同时存在证券市场交易和申购赎回机制，投资者既可在二级市场交易，也可直接向基金管理人以一揽子股票进行申购与赎回，这就为投资者在一、二级市场间进行套利提供了可能。例如，上证 50 在一个交易日内出现大幅波动，当日盘中涨幅一度超过 5%，收市却平收甚至下跌。对于普通的开放式指数基金的投资者而言，当日盘中涨幅再大都没有意义，赎回价只能根据收盘价来计算，ETF 的特点则可以帮助投资者抓住盘中上涨的机会。由于交易所每 15 秒钟显示一次 IOPV（净值估值），这个 IOPV 即时反映了指数涨跌带来基金净值的变化，ETF 二级市场价格随 IOPV 的变化而变化，因此，投资者可以利用盘中指数上涨时在二级市场及时抛出 ETF，获取指数当日盘中上涨带来的收益。正是这种套利机制的存在，抑制了基金二级市场价格与基金净值的偏离，使 ETF 避免了封闭式基金普遍存在的折价问题，从而使二级市场交易价格和基金净值基本保持一致。其次，相对于其他开放式基金，ETF 具有成本低、交易方便、效率高等特点。投资者一般是通过银行、券商等代销机构向基金管理公司进行开放式基金的申购和赎回，交易手续费用一般在 1%~1.5% 之间。而 ETF 往往具有低管理费的特性，经理人一般会根据指数成分变化来调整投资组合，不需支付投资研究分析费用，因此可收取较低的管理费用；另一方面，指数投资倾向于长期持有购买的证券，不主动调整投资组合，因此不需要频繁买卖，交易成本自然降低，一般 ETF 的管理费仅为 0.5% 左右的水平。普通股票、债券型开放式基金在赎回后，资金往往会有 3~5 天的滞后期才能到账。如果投资 ETF 基金，可以像买卖股票、封闭式基金一样，直接通过交易所按照公开报价进行交易，资金次日就能到账。第三，ETF 可以让投资者以较低的成本投资于一揽子标的指数中的成分股票，以实现充分分散投资，有效地规避股票投资的非系统性风险。股票型 ETF 的投资标的是在证券交易所上市交易的股票，由于股票 ETF 走势与股市同步，投资人不需研究个股，只要判断涨跌趋势即可。因此，股票 ETF 是一种比较轻松的投资工具，上证 50ETF 期权上市以来，成交量和持仓量稳步增长。截至 2016 年 11 月 18 日，单日认购成交量从 4923 张增加到 691419 张，增长 140.4 倍；单日总成交量从 8651 张增加到 1377332 张，增长 159.2 倍。上证 50 指数基本上是由上海证券交易所市场规模大、流动性好的最具代表性的 50 支股票组成，其中中国联通占上证 50 指数的比重约为 8.5%，中国石化占上证 50 指数的比重约为 4.7%。投资人只需花费 100 元购买 1 手上证 50 指数 ETF，便如同同时投资了 50 支股票，其中约投资中国联通 8.5 元，中国石化 4.7 元等等，以此类推。因此，买入上证 50 指数 ETF 等于买入了一个报酬率涵盖 50 支股票而风险分散的投资组合。

为了使 ETF 市价能够直观地反映所跟踪的标的指数，产品设计人有意在产品设计之初就将 ETF 的净值和股价指数联系起来，将 ETF 的单位净值定为其标的指数的某一百分比。这样一来，投资者通过观察指数的当前点位，就可直接了解投资 ETF 的损益，把握时机，进行交易。以上证 50 指数 ETF 为例，基金份额净值设计为上证 50 指数的 1‰。因此当上证 50 指数为 1234 点时，上证 50 指数 ETF 的基金份额净值应约为 1.234 元；当上证 50 指数上升或下跌 10 点，上证 50 指数 ETF 之单位净值应约上升或下跌 0.01 元。从目前 ETF 的市场表现来看，ETF 操作透明还是非常高的，它完全复制指数的成分股作为基金投资组合及投资报酬率，投资人比较容易明了投资组合特性并完全掌握投资组合状况，证券市场上每 15 秒更新指数值及估计基金净值供投资人参考，让投资人能随时掌握其价格变动，并随时以贴近基金净值的价格买卖。其投资收益主要来自买进与卖出 ETF 的价差报酬和持有 ETF 所获得的现金分红收入。

ETF 的交易与股票和封闭式基金的交易完全相同，基金份额是在投资者之间买卖的。投资者利用现有的上海证券账户或基金账户即可进行交易，而不需要开设任何新的账户。ETF 的买卖成本和封闭式基金完全相同。与股票、封闭式基金相同，ETF 的涨跌幅度是 10%。同一般开放式基金一样，ETF 的基金份额净值（NAY）是指每份 ETF 所代表的证券投资组合（包括现金部分）的价值，即以基金净资产除以发行在外的基金份额总数。

ETF 一般对申购赎回有最小申购、赎回单位的约定。每一支 ETF 的最小申购、赎回单位可能不尽相同，以上证 50 指数为标的 ETF 为例，其最小申购、赎回单位是一百万份基金份额。由于最小申购、赎回单位的金额较大，故一般情况下，只有证券自营商等机构投资者以及资产规模较大的个人投资者才能参与 ETF 的实物申购与赎回。

很多机构投资者还会利用 ETF 进行期货现货和一、二级市场出现的价格差异进行套利交易。当 ETF 的市场交易价格高于基金份额净值时，投资者可以买入组合证券，用此组合证券申购 ETF 基金份额，再将基金份额在二级市场卖出，从而赚取扣除交易成本后的差额。相反，当 ETF 市场价格低于净值时，投资者可以买入 ETF，然后通过一级市场赎回，换取一揽子股票，再在 A 股市场将股票抛掉，赚取其中的差价。但是由于套利交易需要操作技巧和强大的技术工具，且机构投资者的一两次套利交易就消除了套利的机会，加之 ETF 的申购赎回的起点非常高，因此，对散户而言，套利交易并不合适。表 25 为截至 2017 年 3 月 18 日股票类 ETF 基金规模及其所占总规模的比重资料。

表 25　截至 2017 年 3 月 18 日股票类 ETF 基金规模及其所占总规模的比重资料

序号	ETF 基金名称	基金代码	基金规模（亿元）	占基金总额比重（%）
01	华夏 50ETF	510050	293	16.09
02	华泰柏瑞沪深 300ETF	510300	179	9.82
03	嘉实沪深 300ETF	159919	174	9.54
04	华安上证 180ETF	510180	171	9.41
05	南方中证 500ETF	510500	167	9.19

续表

序号	ETF 基金名称	基金代码	基金规模（亿元）	占基金总额比重（%）
06	华夏沪深 300ETF	510330	161	8.87
07	汇添富中证上海国企指数 ETF	510810	150	8.21
08	易方达 H 股 ETF（QDII ETF）	510900	95	5.22
09	易方达创业板 ETF	159915	53	2.89
10	易方达沪深 300ETF	510310	37	2.02

资料来源：和讯网。

30. 艺术品是理财产品中的千里马

在目前所有的投资领域中，艺术品投资的增值速度和增值水平既是最快也是最高的。随着我国社会经济的飞速发展，人们在物质生活需求得到满足以后，逐步开始追求精神文化领域的消费。购买艺术品作为一种能够带来艺术享受的投资理财方式而倍加受到大家的欢迎。艺术品投资具有风险小且收益高的重要特征。而且做这类买卖既能够满足欣赏欲望，同时又能兼顾赚钱获益，受人尊重自不必讲，还会引起不少人的羡慕。可观的经济效益和高雅的情调，使艺术品投资具有其他投资工具难以比拟的优势。艺术品是个极其广泛的概念，字画、邮品、珠宝、古董、当代名人瓷器等，都属于艺术品的范畴。对于艺术品投资者而言，是不会也不可能对所有种类的艺术品进行投资的。投资者应根据自己的兴趣爱好、知识水平、经济实力来选择某一种类或某一项艺术品进行投资，这样才有可能收到较好的效果。

与其他投资形式相比，艺术品投资目前是风险最小的。在股票、期货等投资中，风险往往如影随形。股市变化多端，涉身其中如同在惊涛骇浪里驾舟行船，稍有不慎，便可能招来灭顶之灾。期货投资这种以小搏大的投资方式存在着预测不准可能全盘覆没的风险。但不用担心的是，投资艺术品便能使这些问题迎刃而解。由于艺术品具有稀缺性和不可再生性，因而具有极强的保值功能，一旦购入，很少会贬值，投资者不必担心行情突变带来的风险，属于安全性投资。当然，对艺术品投资者而言，风险主要在于对艺术品的鉴别能力与变现能力，即是否购入了真正的艺术品，能否尽快出手变成现钱。这是艺术品投资者，尤其是资金较有限的中小投资者所应重点考虑的问题。而战争、自然灾害等不可抗力往往对艺术品的破坏是灾难性的。

收益率高是投资艺术品的另一个优势所在。投资风险越大，其获得的投资收益越大。这种规律在艺术品以外的投资形式上表现得十分明显。但艺术品投资却与此不同，其风险相对来说比较小，但投资潜在收益却非常高。这主要是由于艺术品的稀缺性和不可再生性所决定的，艺术品具有极强的升值功能。在风险与收益这一对矛盾中，艺术品的投资是冲突最少的一种。

艺术品不仅具有极强的保值、增值功能，而且其作为精神产品还具有极强的艺术欣赏价值。因而投资者不仅可以通过艺术品投资获利，还可以通过艺术品收藏来美化生活、陶冶自己的精神生活。尤其是近年来，随着居室装修热的不断升温，能带来高品味艺术享受的字画作品倍受人们的青睐。目前国内的艺术品投资主要集中在以下几个方面：

(1) 字画投资。画的种类较多，包括油画、国画、版画、水粉水彩画、漆画、雕刻等。应该指出，并非所有的字画都可以成为投资的对象。字画投资的对象，主要是指名人的字画，除造诣较深、声望较高的书画名家的字画作品外，其他名人、伟人的字画作品，也在其列。然而，若一件作品的艺术价值不高，而市场价格被人为地抬高时，这种作品切不可追风买入。

(2) 邮品投资。集邮本来是一种相当普及的消遣方式，但近几十年来，它也是一种极受注意的投资方式。邮票作为邮资的等价物，不仅具有使用价值；同时作为一件艺术品，又具有欣赏和收藏价值。它的这一双重价值决定了它可以作为一种投资工具。目前，全世界集邮人数已逾5亿人，中国集邮爱好者亦有1000万人左右。国内财力雄厚的集邮家致力于我国早期邮票的搜集，使中国邮票在国际邮票市场上成为抢手货。由于邮票的印刷发行有一定的限量，因而使得邮票供小于求，邮票价格也便节节上涨。

(3) 珠宝投资。珠宝主要包括钻石、玉石、珍珠、红宝石、蓝宝石等内容。由于珠宝的体积小且价值大，和黄金一样，成为财富的象征。它既可以凭借其天然美使人们怡情悦性，又可以帮助人们积累财富。如果投资准确的话，可以为人们带来丰厚的利润。贮藏珠宝是世界上流行的一种有利可图的投资方式。

（4）古董投资。收集古董一向被视为一种兴趣，而不是一种投资工具。其实，以投资观点来看古董的确不失为一种理想的投资工具，尤其是年代悠久的古代艺术品。名贵的古董动辄数以千万计，尤其是一件经国际公认的古董，除了增值率高外，也成为身份地位的表征，可赚钱亦可陶冶性情，真可谓是一种有气质的投资方式。而对于中国艺术品市场的后市发展走势，总的来讲，就必须对于中国艺术品市场的购买力及其未来潜力加以进一步分析。目前，中国高净值人群对于艺术品收藏的青睐度的所占比例已经超过了52%，这也从一个侧面展现出了中国艺术品市场的未来购买潜力。需要说明的是，进行古董投资必须当作一种嗜好，必须有丰富的经验积累和超群的鉴赏力。而这种鉴赏力，是靠长期的钻研、不断进拍卖现场、文物商店、博物馆及搜集有关资料培养出来的，不是真有兴趣的人，很难做到这一点。

自唐代以来，收藏和造假就伴随而生。但造假技术发展到今天，受高超的印刷技术和制作工艺影响，放大镜和所谓的知识可能会在这些作品面前无能为力。而受到传统收藏界习惯及现有法律漏洞的影响，投资艺术品被打眼的事时有发生。而投资者与拍卖公司之间的法律纠纷不断。2011 年，藏家杨先生在南京某拍卖行看中了一幅李可染的作品，自己不是很有把握，于是把作品照片发给了研究李可染的专家，得到的回复是百分之百是真的。于是花了几百万元买了李可染的这幅作品。取回拍品后，在自然光下打开一看，发现情况不大对。杨先生要求拍卖公司退画，但拍卖公司否认了是印刷品的可能。杨先生将这幅字画送到相关技术部门进行鉴定后证实了这幅画就是印刷品。杨先生找到该专家，得到的回答是：从图片来看，这张作品百分百是真的，至于是印刷品还是原作那是另外一说。最后，藏家将拍卖行告上法庭。其实对于此类问题的解决，主要是在进行交易时，现场通过便携式显微镜，进行现场采点的显微观测，一般用低倍率60倍、150倍、200倍采点一次，同时用高倍率500倍、600倍率采点，并实时拍下显微图片，同时显微图片存档打印出来，附在交易合同后面，同时注明时间，人物，及采点位置。目前仿造500倍、600倍下显微效果在当今技术下无法实现。而从藏友来说，现场采点后，如果作品拿给专家看后，是印刷品或是仿品，可根据签订的交易合同，非常轻松地通过技术手段证明仿品是拍卖公司提供的，从而可通过法律手段轻松得到补偿，而不会像上面案例出现的，拍卖公司不认可是他们的作品。无独有偶，家住广州的林某有一幅吴冠中的作品。2012年5月的一天，林某接到齐某的电话，说要借走这件作品看两天。因为跟齐某的关系非常熟，之前也有过类似借画的经历，中间并没有发生什么差错，所以就没多想，直接把作品借给了齐某。两天后，齐某按时归还作品，林某当时没太在意，就把作品收起来了。后来，他在某次拍卖会上发现了一张跟他的收藏一模一样的作品，赶紧回家查看自己的那幅作品。作品的颜色有些不对，其他都还正常，拿去给鉴定专家看过后，结果发现这是一件复制品。如果不仔细看，真是以假乱真。随身随带一个 200 倍左右的便携式显微镜，有时间还可形成自己的数据库，借出与拿回进行踩点显微拍照存档，两次显微图片一对比，就可确定收回的是不是原作。要仿造 200 倍至 600 倍下的细节，人工画作那是不可能达到的。

艺术品投资领域的水很深，许多收藏大家都曾在这上面吃过大亏。投资艺术品的关键是防止赝品的流入。同时，购买艺术品之后不要急于出手。期望取得良好经济效益就需要对购藏的艺术品开展宣传工作。当宣传工作有了一定的规模和成效时，便可有计划地将购藏的艺术品投放市场，投放市场的方式多种多样，目前主流的方法仍以展销和拍卖为主。对艺术品投资如同其他任何一种投资方式一样，必须把握住投资时机，否则贸然投入，血本无归。艺术品投资时机的把握应从以下几点考虑：

(1) 政局与经济实力。清末和抗战期间，官方和民间收藏无法保存，人们食不果腹，便大量抛售自己收藏的艺术品。此时艺术品价格便宜，若有稳定的资金来源和收藏条件，不失为艺术品投资的好机会。“文革”时期，把艺术品收藏视为玩物丧志的颓废行为，把珍贵历史文物视为“封资修”，收藏者和创作者纷纷抛售自己的藏品或作品，一时价格与价值严重脱离，一落千丈，几十元钱能买进一件珍贵的艺术品。就目前来讲，艺术品市场是否发达，关键是取决于需求能否上升，而需求的首要原因是本国的经济实力以及投资人的经济实力。中国艺术市场的需求方主要来自海外的格局已开始改变，拍卖会上，国内买家已经是总成交额的主力。国内艺术品需求量的加大，表明将艺术品视为投资形式的人越来越多，艺术品投资更有流动性和升值潜力。当然，极度的经济萧条难免会给艺术品投资带来负面影响，但在通货膨胀肆虐之际，它仍是最好的保值工具，只要投资者不急于变现。

（2）艺术品价格。在艺术品市场上，只要某位艺术家的作品或某类艺术品的价格在10年间维持上扬的曲线，而且坡度越来越陡，便是值得尝试的投资对象。通常在画展和画廊中的艺术品标价，是由艺术家自定的。因而要注意这些价格的市场接受能力。这一点可以从艺术家个人展出中看出。如果艺术家的成交数量高并维持标价，表示市场的确接受此价位和作品。否则，只能算是有行无市。投资者多向自己熟悉的画廊探问，可能会了解到更多的故事细节。市场接受程度非常大的艺术家其作品较适合作为投资对象。但从中国目前书画艺术品投资市场来观察，已成名艺术家的健康状况往往是艺术品价格上涨的信号灯。当然并非绝对，吴冠中的作品在其生前就已经达到了很高的拍卖纪录，杨飞云作品的标价即使在其很年轻的时候就令许多同行望尘莫及了。

（3）艺术品的抉择。投资者投资艺术品不可忽视艺术市场的价值动向及其变化趋势，不可脱离艺术市场的需求偏好而盲目投资。若投资者看不准这一市场动向，则必然导致亏本。优秀的投资者善于预测和领导市场潮流，等别人明白过来，他已获利甚丰了。同时还要注意，并非任何一件艺术品都在市场上看好，也就是说并非每一件艺术品都适合投资。投资者必须从浩如烟海的艺术品世界中挑选出那些有升值潜力的艺术品。但说来说去，艺术品的真伪是最主要的投资前提。由于代笔、临摹、仿制以及故意的伪造，使艺术品市场鱼目混杂。在艺术市场上花大钱买回假货，不但会失去盈利的机会，可能连本也得赔进去。但若以精为标准选择所要投资的艺术品，并不意味着大家的一般性作品就没有了市场。对许多中小投资者而言，甚至根本无能力问鼎大家一件逾百万元的作品，艺术大家的一般性作品也就有了市场。以精为标准选择投资品的原则是，在相同或相似的价位下，应尽量从其中挑选出最优秀的作品。这样，艺术品才具有较大的获利可能。艺术创作是一种独特的复杂的高智能劳动，正因为此，艺术品价值具有不同于一般商品价值的稀缺性和无限增值性。

31.
给自己及全家做个理财规划

当家庭收入达到一定的水平之后，可能就会有一个理财的需求。即使是大名鼎鼎的香港富豪李嘉诚也是非常肯定这一点。如何设立一个家庭理财规划方案这是每个家庭都习惯问的问题，家庭理财需要考虑的因素是多方面的，每个家庭还都有着自己不同的需求。但想要致富就得懂得打理您的钱财。家庭理财规划总结一下应该注意以下五个方面。

一是设定理财目标。家庭理财完全可以同时有几个理财目标出现，重要的是要根据预期实现时间的长短，把理财目标分为短期、中期和长期目标并合理配置资金数额，选择合适的投资工具。

二是分析家庭财务状况。投资者应先仔细计算自己的收入和支出金额，对自己目前的家庭财务状况有清晰的了解，并以此作为制定后面理财规划的基础。资产负债率可以作为判断家庭财务状况的基本参考。家庭资产包括现金、活期存款等流动性资产、股票、债券、基金等投资性资产、还有轿车、房屋等使用性资产。家庭负债则包括日常生活消费短期负债和购房贷款、购车贷款等长期负债。负债除以资产就可得到资产负债率具体数据。当家庭的资产负债率低于50%的时候，通常判断这个家庭发生财务危机可能性是较小的。

三是认清自己的风险承受能力。事实上，只要是投资，就一定会伴随着风险。每个人的风险承受能力的高低也是家庭理财规划中需要考虑的重要因素。风险承受能力较高，可考虑一些高风险高回报的投资工具，如股票权证。风险承受能力较低，可考虑一些较为保守的投资工具，如债券、保本基金产品。此外，在不同的人生阶段和不同的财务状况下，同一个投资者的风险承受能力也不尽相同，因此需要投资者根据具体的情况谨慎调整投资策略。

四是慎重选择投资工具。在制定理财规划时，客户可以按照理财目标实现时间和预期回报为自己定下投资期限和选择投资工具，否则在投资期间需要动用资金做其他用途时，便可能因为投资工具的套现能力较弱而蒙受损失或被动。

五是寻求专业人士帮助。理财规划虽然是个人私事，但是很多投资者未必能对自己的财务状况做出正确的分析，也未必精通投资，不少的投资者因为工作繁忙，无法紧跟市场变化。在理财规划的每一阶段，甚至每一步，其实都可以寻求专业人士特别是理财师所提供的非常专业的帮助。人们在制定理财规划时，不能盲目跟随潮流，而应分析自己家庭的财务状况，在理财师的帮助下分步骤制定理财目标，然后再制定相应的理财计划并选择适合自己的投资工具。

例如，某民营企业高管人员刘先生，31 岁，月收入 1.8 万元左右。其妻子罗敏 28 岁，在某 IT 公司担任销售部门副经理，月收入在 1 万元左右。靠着吃苦和聪慧，夫妇两人在商界拼搏多年，如今算得上是高层新贵了。结婚两年，两人已经买车买房步入小康社会，但家庭支出较大，房子月供加上养车费用每个月需 6000 元左右，但仅房子的月供一项就有 3500 元的开支。其他支出主要是在日常生活用品购置和社交费用开支每个月需 8000 元左右，月总支出 1.4 万元。目前，刘先生夫妇有存款 30 万元。另外，夫妻双方父母年纪都在 60 岁左右，有社保，身体状况还不错，夫妇两人每年春节要给父母 1 万余元的赡养费。刘先生表示，目前夫妇两人除了单位社保外，无其他保险，过几年也计划生小孩。同时，父母年龄逐渐增加，是否应给他们购买保险，以备生病时使用。通胀背景下，闲置资金存在银行不合适，但妻子不愿参与风险过大的投资，希望以稳健的方式进行规划。家庭财务状况分析如表 26 所示。

表 26　　刘先生家庭资产负债表数据资料

家庭财产	金额（万元）	比重（%）	家庭负债	金额（万元）	比重（%）
现金、活期和定期储蓄	30	15.6	房屋贷款	90	100.0
自用房产	150	78.1	其他负债		
汽车及其他财产	12	6.3			
合计	192	100.0	合计	90	100.0
家庭净资产	102				

从刘先生家庭的资产负债调查数据来看，家庭总资产为192万元，由于已还贷多年，家庭房贷总额还剩下90万元，家庭净资产（总资产减去总负债）为102万元。计算资产负债率后可知刘先生家庭总负债占总资产的比例为46.9%，低于50%的警戒水平，家庭净资产占比为53.12%，说明刘先生家庭目前的资产负债状况属于比较稳健的类型，即使在经济不景气时也有能力偿还债务。进而对刘先生的家庭收入支出情况分析后其相关数据如表27所示。

表27　刘先生家庭月收入支出表数据资料　单位：万元

家庭收入项目	金　额	家庭支出项目	金　额
本人月收入	1.80	家庭平均月支出	1.05
配偶月收入	1.00	贷款月供	0.35
其他月收入		其他月支出	0.10
平均月收入	2.80	平均月支出	1.50
平均月结余	1.30		

由家庭收入支出表可知，刘先生家庭的月总收入2.8万元，其中刘先生月收入为1.8万元，占64.3%，比重较高，配偶占35.7%。从收入构成来看，工资收入占总收入的100%，显示家庭收入来源较单一。目前家庭的月总支出为1.5万元。其中，日常平均月支出为1.05万元，包括生活和养车费用开支，占到家庭总支出的70%，父母赡养费用是每个月平均1000元左右，占家庭总支出的7%，房贷月供支出为0.35万

元，占到家庭总支出的23.3%。家庭支出构成中，按揭还款占月总收入的12.5%，距离40%的临界水平差得很远，属于非常安全的负债负担。日常生活支出和其他支出占月总收入的41.07%，如果还可进一步对支出进行控制的话，增加储蓄金额仍有可能。

目前家庭月度节余资金1.3万元，年度节余资金15.6万元，占家庭年总收入的46.4%。这一比率称为储蓄比例，反映了家庭控制开支和增加净资产的能力。

对于刘先生的家庭理财规划方案建议的主要内容如下：

应急准备规划。理论上讲，每个家庭都需针对月必需支出准备应急现金，以备紧急情况出现时能有适当的缓冲时间。根据刘先生家庭情况，房贷、养车及月生活费等每月必需支出的部分。若其1.5万元的80%是必需支出金额，以月必需支出的3~6倍来准备应急资金的话，则需准备3.6万~7.2万元之间的金额。

长期保障规划。长期风险的对冲主要通过配置保险实现，社保只是基本保障。应以商业保险作好补充保障后，再进一步考虑其他投资规划。夫妻两人在家庭保障方面基本是长期处于“裸奔”状态，对此，作为家庭支柱的夫妻两人的保障规划尤为重要。夫妻两人首先应该投保重大疾病保险，考虑到刘先生是家庭的收入来源中最多的，两人的保额可参照收入比例按照1.8∶1左右设置。此外，两人再分别配置一款意外伤害保险，在30年期限内可以获得百万身家保障。通常商业保险的险种应考虑寿险、重大疾病保险以及意外伤害保险。买保险时的顺序是先给家庭经济支柱买，再给次经济支柱买，最后才给孩子买。可将保额设置在年收入的5～10倍之间，即保障意外情况下未来5～10年的收入，保费控制在年收入的10%～15%之间。若按月收入折算全年收入33.6万元计算，可将保额设置为168万～336万元之间，保费支出安排在3万～5万元之间。

子女生育教育规划。如果夫妇单位已配备有生育保险，则刘先生家庭可准备1万元左右的生育保险以应付相应情况。子女出生后，月生活支出增加1000～2000元开支数额的同时，还需准备子女未来的教育保险。建议刘先生夫妇可从子女出生开始每月做一笔基金定投，如每月投资1250元，投资18年后，按照基金年收益8%计算，可在孩子18岁时筹集约60万元的资金。如刘先生夫妇两人对未来子女教育有更高要求的话，还可相应提高定投金额。

养老规划。由于夫妇两人都在企业性质的公司任职，即使是薪酬收入过高，按照刘先生夫妇目前的消费水平，退休后要想保持和退休前一样的生活较为困难。若按目前每月的总支出1.5万元计算，扣除房贷和养车支出还剩下约0.95万元，按年通胀率3%计算，则55岁退休时的生活费水平每月至少需开支19800元以上。通过计算，55～85岁共需生活费用716万元。即使一半有社保支付，另一半也需自己筹集，因而建议刘先生夫妇两可通过每月定投3800元来筹备这笔未来的费用开支。由于父母年龄已60岁左右，不适合买商业保险。父母可依赖社保解决基本问题，其他问题可通过刘先生夫妇来进行经济支援。建议每年将一笔钱给父母储蓄起来，在他们需要时拿出来用。给父母存的这笔钱最好是用风险较小的方式保留，如定期存款、银行保本理财产品、国债投资方式。

其实对于工薪阶层来讲，能够细算小账、细水长流后仍可获得可观的一笔收入。就拿储蓄存款来讲，按月定时定量存入一笔一年期限的定期存款。如1月份存入银行500元钱，存期为定期1年；2月份继续存入500元钱，存期同样为定期1年；依此类推到12月。这样到第二年，每月都有一张存单到期，可以连本带息全部取出、或者把当月的500元钱连带利息续存进去。这样形成良性循环，既可以解决资金流动的问题又不亏收利息收益。这个办法的优点是起点低、随时可以开始操作，且非常适合工薪阶层。

又如，刘小姐研究生毕业两年，在一家科研所工作，每年的收入大约有10万元，年终奖3万元，拥有五险一金的保障。今年刘小姐在工作之余，还网上开了一家淘宝店，每年网店的收入有1万~2万元的进账。刘小姐的每月开支5500元左右，其中房租开支为1000元。目前有储蓄存款10万元，无其他投资，同时也没有其他的商业保险投资。细谈后得知，刘小姐在3年内有两大目标：第一是计划未来一年购买一辆价值15万元的小车；第二是在未来两年按揭购买一套50万元的住房，计划首付20万元左右。估算刘小姐每月基本收支数据如下：平均收入10800元，房租支出1000元，网店月平均收入800~

1600 元之间，基本生活开销在 4500 元左右。依这些数据计算每月收入合计 11600～12400 元之间，每月支出合计 5500 元左右，每月结余的钱在 6100～6900 元之间。刘小姐个人储蓄存款目前只有 10 万元左右。无负债负担。家庭资产净值 10 万元左右。

进行财务分析后得知，该投资者速动比率计算公式为：

流动性资产 ÷ 每月支出 = 100000 ÷ 5500 = 18.2

根据目前经济情况，作为紧急备用金的流动资产一般只要能够维持 3～6 个月左右必要支出，就是一个较合适的比例。而刘小姐目前速动比率有些过高，买房买车是明后年的理财目标，所以建议对流动资产进行多元化的投资配置，以获取较高的投资收益。这个家庭的每月节余比率计算公式为：

每月节余 ÷ 每月收入 = 6100 ÷ 10800 = 56%

若按照每月家庭节余比控制在 40% 以上是较合理的标准来衡量，刘小姐个人节余比达到了 56%，属于比较节约型，但考虑到刘小姐刚参加工作，虽无家庭财务负担，且目前的储蓄金额较少，应通过多元化的资产配置来获取较高的投资收益，并注重短期投资收益。计算该投资者年度节余比率为：

年度节余 ÷ 年度收入 = 66000 ÷ 130000 = 58%

可以看出刘小姐个人的财务状况较好，有一定的闲置资金，个人财富积累速度很快。主要问题是目前应提高流动资产的投资收益，获取较高的回报，建议考虑通过多元化的投资理财方式，来提高个人未来生活质量。

分析其理财目标，未来一年准备按揭贷款购买一辆价值在15万元左右的轿车的打算。可以建议刘小姐应先注重事业规划，将大部分资金用于充电。按揭贷款购买一辆价值在8万元左右的小轿车完全能够满足代步的需要，而且不至于让自己按揭负担太重。将来事业稳定后，再将其便宜的车卖掉换取一辆更好的车。至于未来第二年按揭贷款购买一套价值在50万元左右的房子的打算。刘小姐属于单身状态，其住房属于自住性需求，建议面积在60平方米左右为宜，这样购房支付的首付款和每月需归还的按揭贷款数额均在其承受范围之内，还款压力较小，不会因此而降低其生活质量。假设刘小姐3年后结婚，该套住房一方面仍可用于二人世界使用；而如果其结婚时另有婚房，则该套住房可作为其资产用于出租，这样每月有较为稳定的租金收入，提高婚后生活水平。

建议刘小姐的理财目标规划如下：

财务安全规划。刘小姐应先做好财产的安全保障，这样可更安心的进行投资。可以适当增加一定的商业保险。建议每年交纳500元左右保险费参保额度为50万元的意外伤害保险，交纳4000元左右保险费参保额度为20万元的重大疾病保险。

应急备用规划。应急备用金的准备主要是用来保障在发生意外时的不时之需。一般为3~6个月日常支出。现在工作竞争压力增大，建议预留4个月的支出22000元做备用金使用。由于备用金的灵活性及使用时间的不确定性，建议投资货币型基金产品。

购车规划。依据刘小姐现有资金情况，目前的净资产已达到 10 万元，建议通过分期付款的方式来实现买车的计划，可减轻资金压力并增强资金的流动性。依据目前银行发放车贷的规定，8 万元的车可选择贷款 3 年，贷款利率 5.4%，首付车款的 30% 是 2.4 万元，月供需要 1780 元。

购房规划。商业银行对住房贷款的审批上限是借款人住房贷款的月房产支出与收入比在 50%（含 50%）以下，月所有债务支出与收入比在 55%（含 55%）以下。但公认比较合理的月供收入比是控制在 35% 以内，如果家庭全部负债支出与收入比突破了 40%，则会产生较大的压力。刘小姐所在城市的收入年均增长率为 15%，投资收益率是 15%，两年后的购房价格上涨至 8000 元/平方米。那么，依据刘小姐现有的收入情况及需求，建议月供不要超过月收入 13700 元的 40% 即 5480 元。因而刘小姐考虑房屋面积 60 平方米左右，均价 8000 元左右，总价 50 万元的小户型楼房，并且选择 30 年等额还贷方式，降低还款压力。在首付 40% 的情况下，贷款利率 5.6% 的条件下，刘小姐需一次性交纳首付 20 万元，此后 30 年内每月还款为 1780 元。

建议刘小姐申请信用卡作为日常支付的主要手段，这样不仅安全可靠，享受短期借贷的免息期，最重要的是银行的信用卡对账单还可以免费帮您记账。还可以把授信额度较大的信用卡作为紧急支付和大额支付的一种手段，如此便可以减少应急资金的储备转而将其投放收益更高的其他金融资产上。根据刘小姐情况分析，全部资产均属金融资产，过于单一，且风险保障薄弱。特别是储蓄存款占全部金融资产的100%，直接影响了理财收益水平。这样的资产配置方式不利于资产的保值、增值。建议在兼顾稳定性和保障性的同时，追求实现投资收益最大的增长。由于刘小姐的预期购车购房时间分别为1年和2年后，因此将现有资产储蓄存款10万元，除了预留2.2万元现金备用外，剩余的7.8万元可用来投资。刘小姐有高抗风险能力，建议投资基金组合为50%股票型、40%混合型、10%债券型。若按照目前市场年均回报率15%进行计算，1年后投资收益89700元，交汽车首付45000元后，剩余44700元可用来继续加入投资组合，通过合理的组合搭配创造较好的业绩回报。此外，每月的收入还可拿出1000元做基金定投，为结婚及未来养老做准备。